DEEP LEARNING

中西達夫 著

文系プログラマー
だからこそ身につけたい

ディープラーニングの
動きを理解するための
数式入門

ソシム

■注意

(1)本書は著者が独自に調査した結果を出版したものです。

(2)本書の一部または全部について、個人で使用する他は、著作権上、著者およびソシム株式会社
の承諾を得ずに無断で複写／複製することは禁じられております。

(3)本書の内容の運用によって、いかなる障害が生じても、ソシム株式会社、著者のいずれも責任を
負いかねますのであらかじめご了承ください。

(4)本書に掲載されている画面イメージなどは、特定の設定に基づいた環境にて再現される一例で
す。また、サービスのリニューアル等により、操作方法や画面が記載内容と異なる場合があります。

(5)商標

本書に記載されている会社名、商品名などは一般に各社の商標または登録商標です。

「数式」を読み解いて、イメージ化すること
〜「はじめに」に代えて〜

『第四次産業革命を主導し、さらにその限界すら超えて先に進むために、どうしても欠かすことのできない科学が三つある。

それは、第一に数学、第二に数学、そして第三に数学である！』

これは経済産業省が2019年に発表した「数理資本主義の時代 〜数学パワーが世界を変える〜」に掲げられた、冒頭のひと言です。

これからの時代、数学が極めて重要なスキルになることは疑う余地もありません。

だからといって、数学がスラスラ身につくようなら、何の苦労もありません。学校で、あれほどの時間と労力を費やしても、なかなかスラスラできるようにはならなかったのですから。

ところが、人工知能AIが世に普及するにつれて、数学の風景が少しずつ変わりつつあります。

それは、これまで「解くための数学」だったものが、「イメージするための数学」にシフトしつつあるように思えるのです。というのも、問題を解くこと自体が、人の手からAIに移行しつつあるからです。

今後、人間に必要とされるのは、概念を形にまとめ、イメージを共有するための数学です。

そうなると、数学への接し方も変わってきます。これまでの、ひたすら問題を解いて◯×を付ける訓練は「解く」ことを目標としてきました。

今後、解くこと以上に大切になるのが「イメージする」ことです。

・数式を読み解いて、イメージ化すること
・イメージを、数式の形で表現すること

AI時代に合わせた、イメージする数学には、これまでとは違った接し方があると思います。

　イメージする数学は、これまでの苦しい数学修行とは違った、想像力をかき立てるような、ワクワクした数学になるだろうと思うのです。

　この本のタイトル「動きを理解するための数式」には、何よりもまず、**数式の持つイメージを大切にして欲しい**、という想いを込めました。

　本書では、いわゆる「ディープラーニング入門」の類書よりも、少し広い範囲の数学に焦点を当てています。多くの「ディープラーニング入門」では、数学についてはどうしても必要最低限とならざるを得ません。

　しかし、数学について語られなかった部分も、いずれは必要となり、いずれはAIの理解に効いてきます。
　本書は、そうした「いずれは理解に効いてくる数学」を第一としました。
　その意味で「ディープラーニング入門」としては、バランスが悪いかもしれません。
　それでも、「イメージのための数学には、このアプローチが有効だ」と、筆者は信じています。

　これまで「解くための数学」を敬遠してきた人たちが、本書をきっかけに、「イメージのための数学」に目を向けてもらえれば、筆者としてこれほど嬉しいことはありません。

2020年7月

中西 達夫

文系プログラマーだからこそ身につけたい
ディープラーニングの動きを理解するための数式入門

C O N T E N T S

第1章 ディープラーニングは数式理解から始める

1-1 ライブラリさえ使えれば、数学はパスできる? 12
初心者でも、ライブラリーを使えばAIの仕事はできる——ホントの話?
Googleのライブラリーを利用するだけ?
数学はやっぱり必要だった

1-2 AIの正体って、何なのか? 18
AND、OR、NOTの部品以外ない!
形式ニューロンは0と1のみ
デジタル回路とニューロンは似ている!

1-3 Σとか、添え字、H(u)…数式記号の意味は? 25
添え字の使い方は?
Σ(シグマ)記号の意味と使い方は?
H(u)のような関数表記は?

1-4 パーセプトロンの学習則とは? 31
最初はデタラメな入力をしてやる
パーセプトロンの学習則を繰り返す
Pythonのプログラムにまとめる

1-5 論理素子の学習 37
AND、ORの学習はどうする?

1-6 パーセプトロンの限界 40
どんな図形が映っているかを認識するパーセプトロン

1-7 ネットワークで限界を超える 44
ニューラルネットワークの学習には「微分」が必要になる!

第2章 ディープラーニングとは「微分マシン」である

2-1 多次元空間と多次元ベクトル 48
ベクトルは単なる「数字の組」ではない

2-2 標準偏差と正規分布 53
正規分布をダーツで考えると

2-3 積分は多次元空間の体積 57
x^2, x^3, x^4の面積が表わすものとは
定積分と不定積分の違いは?

2-4 微分とは、変化を取り出すこと 64
微分がエアコンの最適温度を見つける

2-5 なぜ2乗誤差なのか? 73
なぜ、2乗誤差がいいのか?
誤差関数と損失関数

2-6 2乗誤差 vs 絶対誤差 79
東京と大阪のシーソー、重心はどこ?
TOKYOに全員、集合!
東京に集まる? 掛川に集まる? 熱海に集まる?

第3章 ディープラーニングで活躍する「非線形回帰分析」の知識

3-1 回帰分析とデルタルール 88
1本の線で予測する
デルタルールで学習する?

3-2 変数を増やした重回帰分析 95
単回帰分析を重回帰分析に拡張する

3-3 自動化 vs マニュアル 99
AIに、片っ端からデータを入れていくのも手

3-4 AIは非線形 102
AIは非線形回帰分析で威力を発揮する

3-5 eと指数関数 106
積分って、何だったか?
不思議なネイピア数「e」
微分しても形が変わらない「e」

3-6 ロジスティック曲線、シグモイド関数 112
ロジスティック曲線とは
シグモイドとは何か?

3-7 ロジスティック回帰は非線形 117
データから確率を導き出す「ロジスティック回帰」
ロジスティック回帰のプログラム

第4章 バックプロパゲーションの「数式ルール」を理解する

4-1 ニューラルネットワークの普遍性定理 124
「普遍性定理」を直観的に理解してみよう!
S字カーブの組合せであらゆる図形を描く
XORの学習ができる
ニューロンが持つべき性質は「適当なS字カーブ」

4-2 学習の核心 〜 バックプロパゲーション 131
誤差の配分ルール❶デルタルール
誤差の配分ルール❷活性化関数の微分
ニューロンの更新ルール
複数組織の合算

4-3 2層ネットワークのプログラム 142

第5章 スマートなプログラムを書くための行列、ベクトル

5-1 行列の掛け算 148
ニューロンで数式を描いてみると
「転置ベクトル」で縦・横を入れ替える
ベクトルの掛け算は順序に「意味」がある!
作用を複数個並べたものを「行列」という

5-2 掛け算の順序と双対性 158
「主語×述語」ルールで式を書き直すと
行列の掛け算の2面性

6-3 行列式は分数から 163
行列式とは、2つのベクトルが一致するかどうか
2×2行列の行列式の値は、2つのベクトルがつくる平行四辺形の面積
3×3行列の行列式の値は「平行六面体の体積」

5-4 なぜ内積は成分同士の積なのか 169
内積とは、長方形の和である
直角とは、内積が0となる角度のこと

5-5 なぜ内積と外積があるのか 175
内積と外積の違い
内積のもつ意味、外積のもつ意味

第6章 ディープラーニングの学習と降下法

6-1 ReLUの秘密 180
アレ?　ReLUに差し替えてもうまくいかない?
Z字型の弱点

6-2 学習がうまく進まないとき 186

「平地」の困難——運が悪い?
「峠」の困難——停滞期プラトー
「落とし穴」の困難
局所最適解と全体最適解

6-3 学習をうまく進めるには 191

「平地の」困難には「データの正規化」を
「峠」の困難には「重みの初期化」を
「落とし穴」の困難には「確率的勾配降下法」を

6-4 ミニバッチとSGD 195

なぜ「ミニバッチ」なのか?

6-5 さまざまな降下法 199

必要な理由その1　最も急な下り坂方向は、必ずしも最短ではない
必要な理由その2　学習の進め方を固定ステップではなく、
　　　　　　　　　可変ステップにすべきである

6-6 ドロップアウトの仕組み 204

ブレを消し、安定性が増す「ドロップアウト」

第7章 情報量は対数で測る

7-1 回帰と分類の違い 208

ニューラルネットで「分類」するには
出力の合計を1に制限したのがソフトマックス関数

7-2 MNISTの学習プログラム 213

手書き数字を判断するデータセット「MNIST」の分類学習プログラム

7-3 なぜ交差エントロピー誤差なのか 221

なぜ、ソフトマックス関数に微分を組み込まない?
微分を施すと、処理が遅くなる
交差エントロピー誤差が後追いで普及した

7-4 対数logは掛け算を足し算にする ·········· 226

「逆関数」とはグラフの縦・横を入れ替えること
2回目の驚きは、1回目に比べると半減する
指数関数、対数関数で覚えておきたい性質

7-5 対数は情報量を測る ·········· 232

選択肢が複数段階であれば確率は「積」になる
（エントロピー）＝－（情報量）のワケは？
当たったときにもたらされる情報量
「平均情報量」とは何か？
データ間の隔たりを測る
カルバック・ライブラー情報量

第8章 ニューラルネットワークはこうしてディープ化した！

8-1 なぜ多層化を目指すのか ·········· 244

横に並べると足し算、縦に並べると掛け算の効果が
「層」でグループ化し、効率を上げる！
1層目は直線の数、2層目以降は「構造」で決まる

8-2 オートエンコーダーは本質的な特徴量の抽出を狙う ··· 252

少ない入力で学習するオートエンコーダー
「データの要約」をする主成分分析

8-3 主成分分析と固有ベクトルの方法 ·········· 258

回帰分析と主成分分析の違いはどこに？
データ同士の関係の強さを示す共分散
データが最も大きく広がっている方向を見出す

8-4 こうしてニューラルネットワークはディープ化した ·········· 269

事前学習でニューラルネットの深層化を図る
極めて低い誤り率を達成
データだけから「特徴量」を出す！

さくいん ·········· 277

第1章 ディープラーニングは数式理解から始める

1-1 ライブラリさえ使えれば、数学はパスできる?

QUESTION

はるな
私は文系出身で、数学が大の苦手です。先日、プログラマーの先輩から次のようなことを聞いて、ホッとしました。

翔太
「**ディープラーニング**(AI：人工知能)に数学なんていらないよ。最近は出来合いの「**ライブラリー**」というのがとても充実しているからね。AIを動かすのって、実はみんなが思っているよりずっと簡単なんだ。中身なんかわからなくても、ライブラリーの使い方さえ知っていれば十分さ。ほとんどオートマ車の運転感覚だよ」

先輩の言うことは本当なんでしょうか？ もしそれが本当なら、数学の勉強なんて、パスしたいのですが。

ANSWER

先輩の言葉は、半分正しく、半分間違っています。
正しい半分は「AIを動かすのって、実はみんなが思っているよりずっと簡単」だというところです。
間違っている半分は「中身なんかわからなくても、ライブラリーの使い方さえ知っていれば十分」というところです。

　論より証拠、2020年の現時点で最も簡単と思われる、ライブラリーを使ったAIのプログラムをお見せしましょう。

初心者でも、ライブラリーを使えば AI の仕事はできる —ホントの話？

```
# keras（Googleのライブラリー）を使った、手書き数字MNISTの学習プログラム
import keras
from keras.layers import Dense

(x_train, y_train), (x_test, y_test) = keras.datasets.mnist.load_data()

x_train = x_train.reshape(60000, 28*28).astype('float32') / 255
x_test  = x_test.reshape( 10000, 28*28).astype('float32') / 255

y_train = keras.utils.to_categorical(y_train, 10)
y_test  = keras.utils.to_categorical(y_test,  10)

model = keras.models.Sequential()
model.add(Dense(256, activation='relu', input_shape=(28*28,)))
model.add(Dense( 64, activation='relu'))
model.add(Dense( 10, activation='softmax'))

model.compile(loss='categorical_crossentropy', optimizer=
'Adam', metrics=['accuracy'])
history = model.fit(x_train, y_train, batch_size=100, epochs=20,
validation_data=(x_test, y_test))

score = model.evaluate(x_test, y_test)
print('Test loss={}, Test accuracy={}'.format(score[0], score[1]))
```

⤶ は本来1行だったが、紙面の都合で折りたたまれている箇所（以下同様）

第1章　ディープラーニングは数式理解から始める

これは、Python言語で書かれた、手書き数字の画像データ「MNIST」を判読するプログラムです。データの準備から学習、評価まで、全部でたったの15行（コメント行、空白行などを除いたステップ数で）。

Google のライブラリーを利用するだけ？

　なぜ、たったこれだけで済むのでしょうか。

　それは、この**プログラムが利用している"ライブラリー"に秘密**があります。

　ライブラリーとは、学習や分析といった処理の手順を、プログラムから利用できる形にまとめた集大成のことです。

　もしディープラーニング（AI）を手っ取り早く使いたかったなら、ゼロからプログラムを書く必要はありません。**すでにあるライブラリーをインターネット上から持ってきて、利用するだけ**です。

　前ページのプログラムは、「keras」（ケラス）という、ディープラーニング（深層学習）用のライブラリーを利用しています。kerasはGoogleが中心となって開発されたライブラリーで、誰でも無料で利用できます。

　前ページの15行のプログラムは、ただ「keras」に大まかな指示を与えているだけで、実質的な計算はすべてライブラリーの中で行なわれます。

　さて、この15行の中に、あなたが中学や高校で習った（かもしれない）むずかしそうな方程式や微分・積分の計算があるでしょうか？　どこにも無いですよね。

　つまり、本当に数学を勉強する必要があるのは、ライブラリーをつくった世界の「どこかの誰か」であって、ライブラリーの利用者であるあなたは数学を学ばなくてもかまいません。

　ここまでが、正しい半分。

では、残りの間違っている半分は何なのか。

率直に言って、先ほどの15行のプログラムが何をやっているのか、その意味がわかるでしょうか？

ことAIについては、単にプログラム言語の書き方や、個々のコマンド（単語）の意味を調べただけでは、内容を把握することはできません。

たとえば上のプログラムの中から「softmax」というキーワードを、keras付属ドキュメントから引いてみましょう。次のようにします。

https://keras.io/ja/activations/ と入力すると、次の画面が現れます。

利用可能な活性化関数

ソフトマックス

```
softmax(x, axis=-1)
```

Softmax関数

引数

- **x**：テンソル。
- **axis**：整数。どの**軸**にsoftmaxの正規化をするか。

戻り値

テンソル．softmax変換の出力。

この記述を見ても、softmax が何であるのか、ほとんど読み取れません。

ならばということで、「softmax」というキーワードをGoogle検索すると、筆者の場合、次のページがまっさきにヒットしました。

https://www.atmarkit.co.jp/ait/articles/2004/08/news016.html

> **AI・機械学習の用語辞典：**
> [活性化関数] ソフトマックス関数（Softmax function）とは？

そして、softmaxの定義は次のようにありました。

定義と数式

冒頭では文章により説明したが、厳密に数式で表現すると次のようになる。

$$y_i = \frac{e^{x_i}}{\sum_{k=1}^{n} e^{x_k}} \quad (i = 1, 2, \cdots, n)$$

少なからぬ人が、この数式を見て挫折するのではないでしょうか。

そこで、「まぁ、よくわからないけれど、とりあえずプログラムはネット上のコードを丸写しておけば動くのだから、問題ないか……」とあきらめる。

実はこれが"先輩"をはじめとする、かなり多くのエンジニアがたどる道なのですが、果たしてそれで本当に問題ないのでしょうか。

意味不明のブラックボックスに身を任せて、不安は無いのでしょうか。

数学はやっぱり必要だった

ディープラーニング（AI）を使いこなすには、ある程度の数学の知識は、どうしても避けて通ることができません。もっとはっきり言うと、**AIプログラムの中によく出てくる「数式を理解する」**ことです。

たとえば softmax であれば、本書では「7−1」で説明します。

と言っても、いきなり「7−1」を読んでも、意味はわからないだろうと思います。「7−1」を読むためには、その前に「3−6」を読む必要があり、その前には「3−5」を、その前には「2−3」を……と読む必要があります。結構、先が長いぞ……。

数学は積み重ねの上に成り立っているので、結局のところ、所定のストーリーを順番に読み解くのが、結局はいちばんの早道なのです。

本書では、最初の15行のプログラムをブラックボックスで終わらせず、解読するために必要となる数学（数式）に、あくまでも最小限のストーリーで到達できるように配置しました。到達点は、以下の3項目です。

- 微分の基礎……………第2章、第3章
- 線形代数の基礎………第4章、第5章
- 情報量の基礎…………第6章、第7章

さらに、これらの基礎が、どのようにして今日の「Deep」となったのかを付け加えました。

- Deep化への道………第8章

本書で扱った題材は、最新のニュース、トピックスなどではありません。
むしろ最新のニュース、トピックスを読み解くための基礎に焦点を当てています。
数学の基礎を読み解くことで、ディープラーニング（AI）は意味不明のブラックボックスから、信頼できるパートナーへと変貌を遂げることでしょう。

Summary

- AIを動かすだけなら、実は簡単。ライブラリーを持ってきて利用するだけ。
- AIの内容を把握するには、ある程度の数学は避けて通れない。

1-2 AIの正体って、何なのか？

QUESTION

人工知能AI（Artificial Intelligence）って何なのでしょうか？
人間から仕事を奪う、正体不明の「黒魔術」だと恐れる人がいる一方で、「千載一遇のビジネスチャンスだ」と舞い上がる人、ワケのわからない専門用語を嬉しそうに呟くエンジニアなど、皆それぞれ違うことを言います。テンでわかりません！

そうそう、そのとおり。僕もよくわからない。AIの正体って、ズバリ何なのですか？

ANSWER

代表的なAIに「教師あり学習」というのがあります。これは、「デジタル・コンピュータ」と「神経細胞」にインスピレーションを得てつくり出されたコンピュータ、ないしはプログラムのことですよ。

　AIの歴史をひもとくと、「デジタル・コンピュータ」と「神経細胞」にインスピレーションを得ていたことがわかります。そのため、AIの正体を理解するには、この2つを知ることが一番の早道です。

まず、デジタル・コンピュータの正体については、次の1点を知っていれば十分です。

『**デジタル・コンピュータは、AND, OR, NOTのたった3種類の回路素子の組合せでできている**』

この3種類の回路素子はすべて、1と0だけを処理しています。

AND、OR、NOT の部品以外ない！

AND とは、「**1 と 1 が入力されたときだけ 1 を、それ以外では 0 を答える計算**」のことです。

AND演算には「∧」という記号を使います（ANDの「A」に似ていると覚えればいい）。

$$1 \wedge 1 = 1$$
$$1 \wedge 0 = 0$$
$$0 \wedge 1 = 0$$
$$0 \wedge 0 = 0$$

1 と 0 以外は出てこないので、これで全部です。
（かけ算九九よりも、足し算よりも簡単です！）

OR とは、「**0 と 0 が入力されたときだけ 0 を、それ以外は 1 を答える計算**」のことです。

OR演算には「∨」という記号を使います（ORは日本語で「また（又）は」の意味なので、「又」の字に似ていなくもない）。

$$1 \vee 1 = 1$$
$$1 \vee 0 = 1$$
$$0 \vee 1 = 1$$
$$0 \vee 0 = 0$$

NOTとは、「1と0を反対にする計算」のことです。
NOT演算には「¬」という独特のカギのような記号を使います。

¬1 = 0
¬0 = 1

以上が、デジタル・コンピュータのすべてです。

どんなにすごいコンピュータの演算装置を分解しても、そこには AND, OR, NOT 以外の部品はありません（ただし、量子コンピュータは除く）。

AND, OR, NOT は、図で描いた方がイメージしやすいでしょう。

コンピュータの論理回路図では、AND, OR, NOTを次のように書いています（MIL論理記号という）。

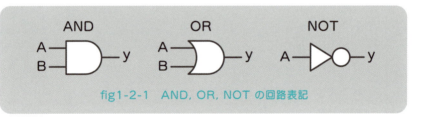

fig1-2-1　AND, OR, NOT の回路表記

たとえば2進法の足し算を行なう回路（半加算器, ハーフアダー）は、こんな組合せによってつくることができます。

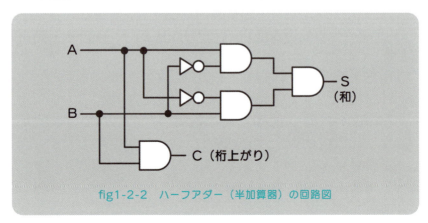

fig1-2-2　ハーフアダー（半加算器）の回路図

形式ニューロンは0と1のみ

次に、神経細胞の方を見てみましょう。

デジタル・コンピュータが AND, OR, NOT でできているなら、人間の頭脳は、どんな「回路素子」からできているでしょうか?

この問に答えたのが「形式ニューロンモデル」と呼ばれる、今日のAIに至るアイデアの原点です。

脳で情報処理を司る神経細胞は「ニューロン」と呼ばれています。

1個のニューロンを取り出すと、複数個の入力と、1個の出力を持っていることがわかります。

そこで、ニューロンの働きをヒントに考え出されたのが、次に示す「形式ニューロン」です。

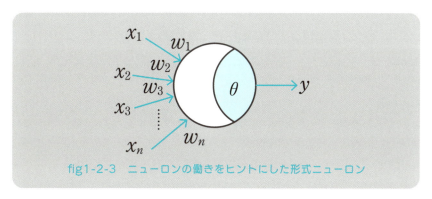

fig1-2-3 ニューロンの働きをヒントにした形式ニューロン

形式ニューロンの入出力では、デジタル・コンピュータのように、1と0だけしか処理しません。

また、複数の入力には、1つひとつに「重み」と呼ばれる数値がセットされています。

出力には、「閾値」と呼ばれる数値がセットされています。

「重み」と「閾値」には、1と0だけでなく、実数（小数）の値をセットすることができます。

形式ニューロンの出力は、それぞれの入力に「重み」を掛け合わせた合計が、「閾値」を超えれば1、超えなければ0となります。

「……となります」と言っても、わかりにくいですね。この説明は、むしろ式にした方がわかりやすいでしょう。

複数の**入力をそれぞれ** x_1, x_2, x_3 ……**という記号**で表わします。

x_1, x_2, x_3…… には、1 か 0 か、いずれかの値が入ります。また、複数の入力にセットされている**「重み」をそれぞれ** w_1, w_2, w_3 ……**という記号**で表わします（w は weight の頭文字）。

閾値は θ **という記号**で、**出力は** y **という記号**で表わします。

これらの記号を用いて、形式ニューロンの挙動は、次のように書き表わすことができます。

$$y \begin{cases} = 1 & (w_1x_1+ w_2x_2+ w_3x_3 \cdots\cdots > \theta) \\ = 0 & (w_1x_1+ w_2x_2+ w_3x_3 \cdots\cdots \leqq \theta) \end{cases}$$

この <u>1, 2, 3 という小さな数字</u>を<u>「添え字」</u>といいます。この「添え字」が出てきたとたん、目がチカチカしてパニックに陥る人がいるのですが、これは決してあなたを困らせるために考え出されたものではありません。

たとえば複数の入力を a, b, c ……と書いてもよかったのですが、それだと26個を超えたときに困るでしょう。

実際のAIでは、1000個を超える入力だってザラにあります。

このため、入力がいくつあっても大丈夫なように考え出されたのが、「添え字」という表記法だったのです。

ちょっと見慣れないのは、$y =$ の右側に続く（○○）という書き方かもしれません。

この（○○）は、「もし ○○ が成り立っていた場合には」と読みます。

式の上の行は「もし閾値を超えていたら（>）、出力は1」と読みます。

下の行は「もし閾値以下であれば（≦0）、出力は0」と読みます。

人間の頭脳については、未だ不明なことも多いのですが、とにかくこうしたニューロンが形つくるネットワークとしてモデル化できそうです。

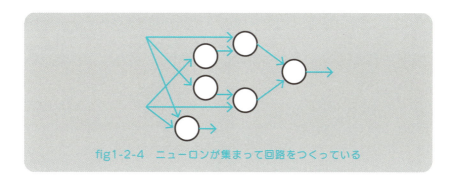

fig1-2-4　ニューロンが集まって回路をつくっている

デジタル回路とニューロンは似ている！

　さて、ここで改めて、先に描いた AND, OR, NOT の回路表記（fig 1_2_2）と、形式ニューロンのネットワーク（fig 1_2_4）を見比べてください。
　この2つは「似ている」というより、2つは「ほとんど同じもの」ではありませんか！

　『形式ニューロンでコンピュータをつくれば、従来のデジタル・コンピュータを超える、人間の頭脳を模倣したコンピュータができるはずだ！』

　この事実に気づいたとき、どれほどコンピュータに対する期待が高まったことか。デジタル回路とニューロンの類似性、これがAIの原点です。
　つまり、**形式ニューロン最初の挑戦は、AND, OR, NOT を実現すること**だったのです。
　もし形式ニューロンで AND, OR, NOTが実現できれば、新しいコンピュータは、少なくとも従来型のデジタル・コンピュータに引けをとらないはずです。そして今日に至るまで、その試みは紆余曲折を経ながらも発展し続けています。

　「形式ニューロンモデル」は、発案者の名前を冠して「マカロック・ピッツモデル」とも呼ばれています。

ウォーレン・マカロック（米、1898 ～ 1969）は神経学者で、ウォルター・ピッツ（米、1923 ～ 1969）は論理数学者です。

形式ニューロンとは正に、神経細胞とデジタル・コンピュータの出会いでした。

オリジナルのマカロック・ピッツモデルは、1 と 0 へのこだわりがありました。その後、形式ニューロンモデルはさまざまな方向に発展し、1 と 0 以外にも拡張された、という歴史的な経緯をたどります。

今日、実際の形式ニューロンは、デジタル・コンピュータ上のソフトウェアの形で実現されることがほとんどです。

> * 形式ニューロンをハードウェアで実現した「ニューロコンピュータ」、「ニューロチップ」といったものもありますが、いまのところあまり普及していません。このため、今日のAIは「デジタル・コンピュータの上で動作する、形式ニューロンを真似たソフトウェア」ということになります。

1つだけ補足しておくと、「AI」という言葉には、いまのところ、満場一致で納得できるような明確な定義はありません。

今日のAIには、「教師あり学習」だけではなく、「教師なし学習」「強化学習」、さらに推論規則から、ある種の最適化手法まで、広く漠然と含まれています。

このため、「AI＝形式ニューロンだ」と断言すると、「いや、そうとは限らない」ということで、あんなものもある、こんなものもあるといった意見（異見）が当然出てくることでしょう。

ただ、そういった意見をすべて取り入れようとすると、話が広がりすぎて収拾が付きません。

そこで、この本では「AI」といえば「教師あり学習」「ニューラルネットワーク」「ディープラーニング」といった分野を指すことにします。

そのことを前提として、本書を読み進めてください。

1-3 Σとか、添え字、H(u)… 数式記号の意味は？

QUESTION

形式ニューロンをネットで調べたら、「Σ」という、ワケのわからない記号が書かれていました。これって一体、何の記号なんですか？ ほかにも、いろいろとありますけど……。

----

* The McCulloch-Pitts Model

$$y = H(u)$$
$$u = \sum w_i x_i - \theta$$
$$H(u) \begin{cases} = 1 & (u > 0) \\ = 0 & (u \leqq 0) \end{cases}$$

あぁ、この数式の中の「Σ」ね。
でも、どっかで見たような気もするけど……。

ANSWER

Σの記号は「シグマ」といいます。上の数式記号は次のように解読します。

『この形式ニューロンは、それぞれの入力データに重みを

掛けた合計値から、閾値を差し引いて、その結果がプラスだったら1を出力し、0以下だったら0を出力する』

と。これではわかりませんか？

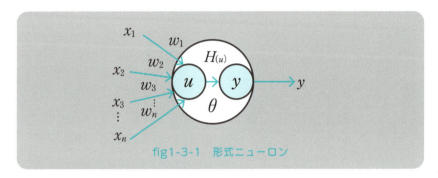

fig1-3-1　形式ニューロン

　AIくんの言いたいことを図に表わしたのが上図です。ここでいろいろな記号が出てきていますので、記号の意味から先に見ておきましょう。

　yとは、形式ニューロンの出力値を表わしています。1か0かのいずれかの値となります。
　$H(u)$とは、「ヘヴィサイドの階段関数」を表わす記号です。
　x_iとは、複数個の入力データx_1, x_2, x_3……を表わします。それぞれのx_iには、1か0かのいずれかの値が入ってきます。
　w_iとは、形式ニューロンが有する複数個の重みw_1, w_2, w_3……を表わします。それぞれのw_iには、何らかの設定値が入っています。
　θとは、形式ニューロンがもつ閾値。何らかの設定値が入っています。

添え字の使い方は？

　x_iと書かれている「i」は前にも説明した「添え字」です。添え字の「i」の部分には、本来 1, 2, 3……といった数字が入ります。
　つまり、x_iという記号は、もともと x_1, x_2, x_3 ……という複数の表記を

まとめて1つにしたものです。

　これは w_i についても同じです。w_i は、もともと w_1, w_2, w_3 ……という複数の表記をまとめて1つにしたものです。

　　＊「 i 」という文字は、整数 integer（インティジャー）の頭文字から取ったものです。そして、習慣的に添え字には「i, j, k……」という記号がよく用いられます。

Σ（シグマ）記号の意味と使い方は？

　Σ（シグマ）という記号は、「合計」を表わします。

　　＊英語では総和を意味する「Summetion」ですが、日本語では「シグマ記号」という呼び名で通ります。

　Σ記号は、「その後に続く項を合計せよ」という意味です。Σ記号を省略せずに書くと、$\sum_{i=1}^{3}$ のように、添え字の範囲を上下に書く約束となっています。

　Σ記号と添え字を使うことで、規則的な繰り返しの足し算をコンパクトに表記できます。

　　例：　$\sum_{i=1}^{5} i = 1 + 2 + 3 + 4 + 5$

　　　　　$\sum_{i=1}^{5} i^2 = 1 + 4 + 9 + 16 + 25$

$\sum_{i=1}^{3} w_i x_i$ は、元の形に戻すと
　　　　$w_1 x_1 + w_2 x_2 + w_3 x_3$
ということです。

　なお、Σの上下にある添え字の範囲の表記は、よく省略されることがあります。省略されるのはほとんどの場合、$i=1 \sim n$ というところです。

　上の形式ニューロンの場合、「n 個ある入力データすべてについて、1から n まで足し合わせなさい」という意味です。

27

表記中のどこにも「n 個のデータ」と書かれていないのですが、「そこはお約束でわかるでしょ」ということなのです。

$$\sum w_i x_i = \sum_{i=1}^{n} w_i x_i$$

たとえば入力が10個あったときは $n = 10$ となります。

> ＊ n という文字は、Number の頭文字です。データの数は習慣的に n, m のアルファベットで表わされます。この i と n の暗黙の習慣が、Σ（シグマ）をわかりにくくしている理由の1つだと思うのですが……。

プログラマーにとって、**Σ記号とは for ループのこと**だと思えば、わかりやすいでしょう。

```
# Σ記号とは、for ループを使った合計のこと
#  Σ[i=1 to 10] i² を Python で書くと……

sum = 0
for i in range(10):
    sum += i ** 2
```

H(u) のような関数表記は？

$H(u)$ という表記は、「H」と名付けられた何らかの手続きを表わしています。

$y = H(u)$ と書いたときは、「u」という入力を「H」という手続きに投げ込んだ結果、「y」という出力が得られることを意味します。

入力データを放り込んだとき、その入力に対してある決まった出力データが得られる手続きのことを「関数」と言います。

数式の上では、何らかの記号の後に（ ）で入力を付け加えた表記は、関数を表わしています。

例❶ $y = H(u)$

「H」という働きに、「u」という入力を放り込んだ結果、「y」という出力が得られる。

例❷ $y = f(x)$

「f」という働きに、「x」という入力を放り込んだ結果、「y」という出力が得られる。

例❸ $z = g(p,q)$

「g」という働きに、「p」と「q」という2つの入力を放り込んだ結果、「z」という出力が得られる。

> ＊関数表記には、$f(x)$ という記号がよく用いられます。f は function の頭文字です。
> こうした関数の表記は、プログラマーなど慣れている人にとっては当たり前かもしれませんが、知らない人にとっては「何じゃこりゃ!?」レベルの表記法だと思うのです。

では、関数 $H(u)$ の中身はいったい何なのか。

関数の中身については、プログラムのどこか別のところで、改めて表記するのが通例です。

$H(u)$ の中身については、以下のように書かれています。

$$H(u) \begin{cases} = 1 & (u > 0) \\ = 0 & (u \leqq 0) \end{cases}$$

この表記は、次のように読みます。

・1行目＝もし u が0より大きければ $(u > 0)$、出力は1となる。

・2行目＝u が 0 以下だったなら $(u \leqq 0)$、出力は0となる。

つまり $H(u)$ とは、u の値の正負によって、結果が1か0となるような手続きのことを意味しています。

この $H(u)$ には、「ヘヴィサイドの階段関数」という名前が付いています。

このため、H という記号を用いていたわけです。

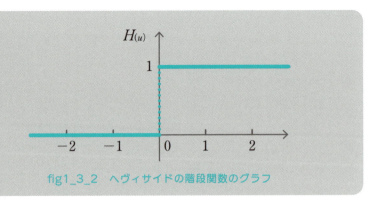

fig1_3_2　ヘヴィサイドの階段関数のグラフ

＊ $u=0$ の扱いについて
もともとのヘヴィサイドの階段関数では、$u=0$ の値については特に決めていません。$H(0)$ の値は 0, 1 あるいは 1/2 とすることが多いようです。本書では、$H(0) = 0$ としています。この $u=0$ の不定性を嫌って、$u=0$ のときの値を 1 と決めた「単位ステップ関数」が定義されています。

Summary

＊ マカロック・ピッツモデル

$y = H(u)$　……ニューロンの出力 y は、u に対して手続き H を施した結果である。

$u = \Sigma w_i x_i - \theta$　…… u とは、それぞれの入力データ x_i と重み w_i の積の合計から、閾値 θ を引いた値である。

$H(u) \begin{cases} = 1 \ (u > 0) & \text{……}H(u) \text{ は、} u \text{ が 0 より大きい場合、1 となる。} \\ = 0 \ (u \leqq 0) & \text{……} u \text{ が 0 以下の場合、0 となる。} \end{cases}$

1-4 パーセプトロンの学習則とは？

QUESTION

質問です！ 形式ニューロンの「重み」と「閾値」って、どうやって学習するのですか？

ANSWER

いい質問ですね。これは、「間違ったら、正しい方向に直す」という動作を何度も繰り返します。このとき重要なことは、「結果に影響があるところだけを更新する」ことです。

最も単純な、NOT素子の学習を例にとりましょう。

NOT素子とは、1を入力すれば0を、0を入力すれば1を出力する素子のことです。

形式ニューロンでNOT素子をつくるのであれば、次のようにします（ここで言う形式ニューロンとは、プログラムの中に記述された仮想的な概念のことです）。

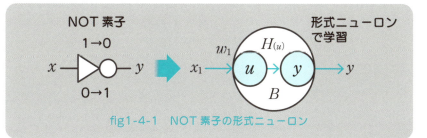

fig1-4-1 NOT素子の形式ニューロン

NOT素子

$$y = H(u)$$
$$u = w_1 x_1 + B$$
$$H(u) \begin{cases} = 1 & (u > 0) \\ = 0 & (u \leqq 0) \end{cases}$$

　重み $w_1 = -1$、バイアス $B = 0.5$ を設定すれば、NOT素子が実現できます。

　入力 $x_1 = 0$の場合、$u = -1 \times 0 + 0.5 = 0.5$、　　出力 $y = H(0.5) = 1$
　入力 $x_1 = 1$の場合、$u = -1 \times 1 + 0.5 = -0.5$、出力 $y = H(-0.5) = 0$

＊前章の「1−3」で「閾値 θ」となっていたところが、ここでは「バイアスB」に変わっています。**閾値とバイアスはプラスとマイナスが入れ替わっただけで、実質的には同じもの**です。マカロック・ピッツモデルは歴史的に閾値 θ で紹介されることが多いのですが、以降、本書では「バイアスB」に表記を統一して進めます。

最初はデタラメな入力をしてやる

　しかし、**最初から正解となる重みとバイアスを、人が設定したのでは意味がありません**。たくさんの事例を繰り返し学習することで、正解が自然に導かれるような方法に意味があります。

　まず当初は、重みとバイアスをデタラメな値で埋めておきます。たとえば $w_1 = 0.82$、$B = -0.35$ というデタラメな値を入れたとしましょう。
　ここで試しに $x_1 = 1$ という入力を行なうと、ニューロンは、$y = 1$ という「間違った」答を出力します。次のとおりです。

$$u = 0.82 \times 1 + (-0.35) = 0.47, \quad y = H(0.47) = 1$$

この場合、期待する正しい答は $y = 0$ です。間違ったときは、「正しい方向」を示さなければなりません。

いまの状況で「正しい方向」とは、1→0に向かって、答がもっと小さくなるような方向です。答をもっと小さくするには、重み w_1 とバイアス B を、もっと小さくすべきでしょう。

そこで、この2つの値を答に近づくように、小刻みに更新します。たとえば、値を1回につき 0.1 ずつ更新してみましょう。

$$w_1 の変化 \quad 0.82 -0.1 \rightarrow 0.72$$
$$B \ の変化 \quad -0.35 -0.1 \rightarrow -0.45$$

この1回の訓練で更新する値の大きさのことを「学習係数（η）」と呼んでいます。いまの場合、学習係数は 0.1 です。

> ＊ 一般に、この学習係数はギリシャ文字の η（エータ）で表わします。

同じ訓練を繰り返すと、

$$w_1 の変化 \quad 0.82 \rightarrow 0.72 \rightarrow 0.62 \rightarrow 0.52$$
$$B \ の変化 \quad -0.35 \rightarrow -0.45 \rightarrow -0.55 \rightarrow -0.65$$

となり、3回で正しく0を出力するようになります。

では、今度はもう一方の $x_1 = 0$ を入力した場合はどうなるでしょうか。

$$u = 0.52 \times 0 + (-0.65) = -0.65、\quad 出力 \ y = H(-0.65) = 0$$

となるので、こちらの方はまだ、間違っています。

パーセプトロンの学習則を繰り返す

そこで、今度は 0 を入力したとき、1 を答える訓練を行ないます。今度の「正しい方向」は、0→1 に向かって、答がもっと大きくなるような方向です。

ここで重要なポイントは、入力が 0 のときは、どれほど重み w_1 を変えても、結果に一切影響が無いという点です。

更新すべきは、結果に影響があるバイアス B の方だけです。

「影響があるところだけを更新する」

というこの学習ルールは「パーセプトロンの学習則」と呼ばれています。

パーセプトロンの学習則

$$w \leftarrow w + \eta \, (\text{teach} - \text{output}) \, x$$
$$B \leftarrow B + \eta \, (\text{teach} - \text{output})$$

$$x：入力データ$$

teach：教師データ、正解

output：予測データ、間違っているかもしれない

(teach - output)：教師データと予測データの差、つまり誤差

x が 1 のときは重み w に影響がある。

x が 0 のときは重み w に影響が無い。

※ バイアス B は、形式上は入力 x が常に 1 となっている重みであると解釈できます。

パーセプトロンとは、歴史上、最初に実現した「教師あり学習機械」の名前です。今日の「教師あり学習型 AI」も、つまるところ、この「パーセプトロンの学習則」の発展型に他なりません。

NOT 素子の学習は、1 と 0 の両方が望みの結果に達するまで「パーセプトロンの学習則」を繰り返すことです。

Python のプログラムにまとめる

以上の手続きをPython（パイソン）のプログラムにまとめてみましょう。

```python
# 形式ニューロン、NOT素子の学習

import random

# 重みとバイアス、この2つの値を学習によって変化させる
W = random.random()      # 重み、初期値をランダムに設定する（0.0以上
1.0未満）
B = random.random()      # バイアス、初期値をランダムに設定する（0.0以上
1.0未満）

LEARNING_RATE = 0.1      # 学習係数 - 適切な小さな値を設定する

for trial in range(100):      # 100回訓練を繰り返す

    # 次の訓練データをランダムに用意する
    (x, y) = (1, 0) if random.randint(0,1) == 0 else (0, 1)

    # NOT素子（形式ニューロン）を動かす
    u = x * W + B
    result = 1 if u > 0 else 0

    if result != y:      # 結果が間違っていた
        if result == 0:      # 本来 1 が出てほしいのに 0 が出た
                        # 影響のあるところだけ更新する、W は更新しない
            B += LEARNING_RATE
```

35

```
    else:         # 本来 0 が出てほしいのに 1 が出た
        W -= LEARNING_RATE
        B -= LEARNING_RATE

# 結果を確認する
    for x in [0, 1]:
        u = x * W + B
        result = 1 if u > 0 else 0
        print( "NOT", x, " = ", result )
```

Summary

形式ニューロンの学習は、「パーセプトロンの学習則」に従って、重みとバイアスを繰り返し更新することで実現する。
「パーセプトロンの学習則」とは、ひと言でいえば「影響があるところだけを更新する」ことである。

1-5 論理素子の学習

> QUESTION
>
>
> デジタル・コンピュータの論理素子NOTの学習はわかりましたが、残りのAND, OR はどのように学習するのですか？

ANSWER

NOTと同様に、やはり「パーセプトロンの学習則」によって学習できます。

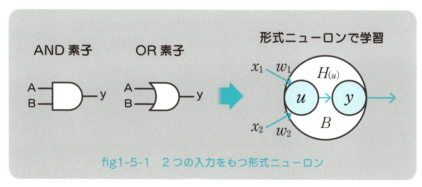

fig1-5-1　2つの入力をもつ形式ニューロン

　2つの入力を持つ形式ニューロンにおいて**「影響があるところだけを更新する」学習**を行ないます。

AND、OR の学習はどうする？

AND素子の学習を考えてみましょう。

たとえば2つの入力 x_1 と x_2 が 1 と 0 で、ニューロンの出力が「間違って」1と出た場合、出力を1→0に向かって、より小さくなる「正しい方向」に更新します。

このとき、影響のある（データが1となっている）x_1 の側の重み w_1 だけを更新し、影響の無い（データが0となっている）x_2 の側の重み w_2 は更新しません。

この方法をまとめたものが、以下のPythonプログラムです。

＊ 添え字 x_1, x_2 は、プログラムの中では配列 x[0], x[1] に相当しています。**添え字が1から始まるのに対して、プログラムの配列は0**から始まっています。

```python
import random

# 重みとバイアス、この2つの値を学習によって変化させる
W = [ random.random() for _ in range(2) ]
                            # 重み×2、初期値をランダムに設定する

B = random.random()
                # バイアス、初期値をランダムに設定する（0.0以上1.0未満）

LEARNING_RATE = 0.1      # 学習係数 - 適切な小さな値を設定する

for trial in range(100):      # 100回訓練を繰り返す

# 次の訓練データをランダムに用意する
    x = [random.randint(0,1) for _ in range(2)]
                            # ランダムな1,0データを2個生成

    y = x[0] and x[1]   # AND の訓練データ
                        # y = x[0] or x[1]   # OR の訓練データ
```

```python
# 論理素子(形式ニューロン)を動かす
    u = sum([ W[i] * x[i] for i in range(2) ]) + B
    result = 1 if u > 0 else 0

    if result != y:          # 結果が間違っていた
        if result == 0:      # 本来 1が出てほしいのに 0が出た
            if x[0] == 1:
                W[0] += LEARNING_RATE      # 重みを増やす
            if x[1] == 1:
                W[1] += LEARNING_RATE      # 重みを増やす
            B += LEARNING_RATE             # バイアスを増やす
        else:                # 本来 0が出てほしいのに 1が出た
            if x[0] == 1:
                W[0] -= LEARNING_RATE      # 重みを減らす
            if x[1] == 1:
                W[1] -= LEARNING_RATE      # 重みを減らす
            B -= LEARNING_RATE             # バイアスを減らす

# 学習結果を確認する
for x in [ (0,0), (0,1), (1,0), (1,1) ]:
    u = sum([ W[i] * x[i] for i in range(len(x)) ]) + B
    result = 1 if u > 0 else 0
    print( "{} = {}".format( x, result ) )
```

Summary

AND, OR 素子も、NOT 素子と同様、パーセプトロンの学習則によって学習することができる。

1-6 パーセプトロンの限界

QUESTION

AND, OR, NOT がすべて学習できた(「1－4」と「1－5」)ということは、形式ニューロンを使えば、デジタル・コンピュータのすべてが学習できると考えていいんでしょうか?

ANSWER

残念ながら、XOR(排他的論理和)と呼ばれる論理素子が学習できません。

XORとは、**2つの1と0の入力のうち、どちらか片方だけが1のときは1、それ以外は0となる論理演算**のことです。

XORは「eXclusive OR」の略で、排他的論理和とも言います。

  0 XOR 0 = 0
  1 XOR 0 = 1
  0 XOR 1 = 1
  1 XOR 1 = 0

試しに「1－5」にあった論理素子の学習プログラムで、ANDの訓練データを、XORの訓練データに差し替えてみてください。

```
# y = x[0] and x[1]    # ANDの訓練データ  ・これは学習できる。
y = x[0] ^ x[1]        # XORの訓練データ  ・これは学習できない！
```

学習がまったく進まないことが確認できるでしょう。

なぜ、XORは学習できないのでしょうか。

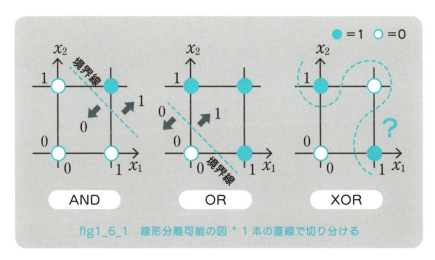

fig1_6_1　線形分離可能の図 * 1本の直線で切り分ける

　形式ニューロンは、このグラフ平面全体を1本の直線によって2つの領域に切り分ける能力を持っています。AND, OR の場合は、1本の直線で1と0を切り分けることができます。

　ところが XOR は、どうがんばっても1本の直線で切り分けることができません。

　AND, OR のように、**1本の直線で切り分けられる状態のことを「線形分離可能」**と言います。XOR は、線形分離可能ではありません。

どんな図形が映っているかを認識するパーセプトロン

少し歴史的な話題を付け加えましょう。

次のシーソーの図は、マービン・ミンスキー（1927〜2016）という人の書いた『パーセプトロン』（パーソナルメディア）という本からのアレンジです。
　ミンスキーはこの本の中で、数理的な方法によってパーセプトロンの能力と限界を示したのです。

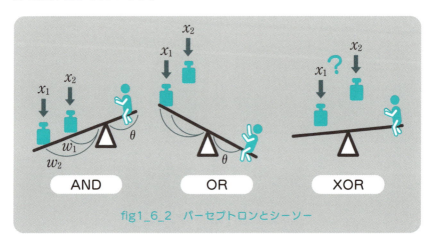

fig1_6_2　パーセプトロンとシーソー

＊重み w_i は、入力データをシーソーのどの位置に乗せるかに相当します。閾値 θ は、シーソーに最初から乗っていた重りに相当します。
　ニューロンの1と0の出力は、シーソーがどちらに傾くかによって表わされています。
　AND, OR, NOT はシーソーの図で表わせますが、XOR の場合はシーソーにならない……?!

　パーセプトロンは、心理学者であり、ミンスキーと高校時代の同級生であるフランク・ローゼンブラット（1928〜1971）によって考案されました。
　当初のパーセプトロンは、視覚神経系によるパターン認識をモデルとしていました。
　ローゼンブラットはちょうど昆虫の複眼のように、縦横に並んだ複数の入力を考えたのです。
　この「複眼」の上に並んだ白黒のパターン（1と0のパターン）から、そこに**どんな図形が映っているのか、それを認識するのがパーセプトロンの目標**でした。

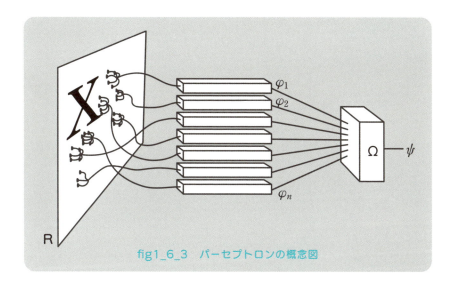

fig1_6_3　パーセプトロンの概念図

　ローゼンブラットのパーセプトロンは、1960年代に、今日で言うところの第1次人工知能ブーム（ニューラルネットワークブーム）を巻き起こしました。

　しかし、このブームにピリオドを打ったのが、先ほどのミンスキーの指摘（パーセプトロンの限界）だったのです。

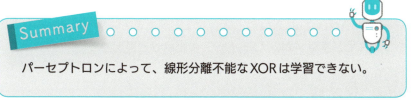

パーセプトロンによって、線形分離不能なXORは学習できない。

※ 参考文献:『パーセプトロン』M.ミンスキー/S.パパート（パーソナルメディア）

1-7 ネットワークで限界を超える

QUESTION

えぇ～、「XOR」のように単純なパターンが学習できないとは、超がっかりです。では、どうすればXORのような線形分離不能なパターンを学習できるんですか？

ANSWER

がっかりしないでください（汗）。デジタル・コンピュータが論理素子のAND,OR,NOTを組み合わせたように、ニューロン同士を組み合わせれば学習できますよ。

デジタル・コンピュータの仕組みを思い起こしてください。すべての論理回路は AND, OR, NOT の組合せで実現できていました。ということは <u>XOR も、実は AND, OR, NOT の組合せで実現できる</u>のです。

$$(P \vee Q) \wedge \neg (P \wedge Q)$$

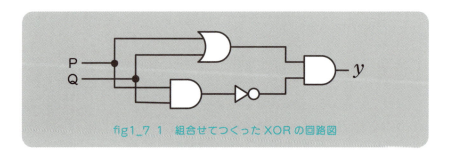

fig1_7_1 組合せてつくったXORの回路図

すでに私たちは、1個のニューロンで、AND, OR, NOT ができることを確認済みです。
　そうであれば、<u>ニューロンを3個組み合わせれば、XORがつくれる</u>はずです。つまり、このようなニューロンでつくった回路（下図）が浮かび上がってきます。

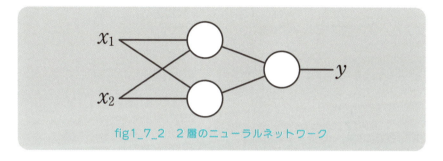

fig1_7_2　2層のニューラルネットワーク

ニューラルネットワークの学習には「微分」が必要になる！

　これが「2層のニューラルネットワーク」です。2層を略して単に、「ニューラルネット」とも言います。
　いま、「2層」と説明しましたが、実は、層の数え方にはいろいろな流派、流儀があって、上のようなネットワークを2層ではなく、「入力、中間層、出力層」の3層と数えることもあります。本書では、学習することができるニューロンの層の数を数えて、このネットワークを「2層」と数えることにします。

　ところで、前ページのデジタル回路（fig 1_7_1）とニューラルネットワーク（fig 1_7_2）を比べて、「あれっ、デジタル回路の方が回路素子が多い？」と疑問を持たれませんでしたか？　実はデジタル回路の「AND + NOT」は、合わせてNAND（ナンド）という塊で学習することができます。
　ニューラルネットワークの中間層にある2個のニューロンには、一方にNAND回路を、もう一方にOR回路を学習するように仕向けなければな

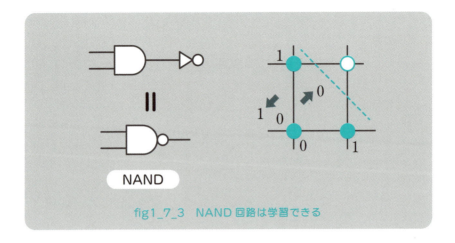

fig1_7_3　NAND回路は学習できる

りません。

　さて、話を「2層のニューラルネットワーク」に戻すと、ここで大きな問題にぶつかります。どうやってこの2層のネットワークを学習させるか、という問題です。

　パーセプトロンの学習則（重み、閾値）を、そのまま当てはめることはできません。なぜなら、入力データと教師データはわかっていても、層の中間にある値は何だか、見当もつかないからです。

　ニューラルネットの学習には、何か、画期的なアイデアが必要です。少し遠回りに見えるかもしれませんし、唐突にも思えるかもしれませんが、ここで、**ニューラルネットの学習にはどうしても「微分」の概念に触れておく必要が出てくる**のです。

Summary

ニューロン同士を組み合わせてつくった回路のことを「ニューラルネットワーク」という。多層ニューラルネットワークの学習には、何か画期的なアイデアが必要となる。
そのためには「微分」の概念が欠かせない。

第2章
ディープラーニングとは「微分マシン」である

2-1 多次元空間と多次元ベクトル

QUESTION

上の見出しにある「多次元空間」とか「多次元ベクトル」って、何なのですか？
空間は「3次元」じゃないんですか？

ANSWER

数学では、1次元、2次元、3次元の自然な拡張として、4次元以上の空間をイメージします。それが、たとえ物理的に存在していても、いなくても……です。
多次元空間をイメージすることで、データ同士の「近い、遠い」という感覚に「距離」という明確な数値を与えることができるのです。

突然ですが、読者に質問です。「一辺の長さが2cmの2次元図形（正方形）の面積」はいくつでしょうか？

　　　答： $2 \times 2 = 4 \mathrm{cm}^2$

では次に、「一辺の長さが2cmの3次元図形（立方体）の体積」はいくつでしょうか？

　　　答： $2 \times 2 \times 2 = 8 \mathrm{cm}^3$

ということであれば、仮に、「一辺の長さが2cmの4次元図形」があると仮定したら、その体積はいくつでしょうか？

ここで、1次元、2次元、3次元の性質をそのまま拡張していったならば、

　　　答： $2 \times 2 \times 2 \times 2 = 16 \mathrm{cm}^4$

とするのが、最も自然なアイデアでしょう。

もちろん、4次元空間は物理的（日常的）にはあり得ませんが、数学的には何ら問題ありません。

こうした自然な形での概念の拡張を、数学ではよく「Well-defined」と表現します。「自然な拡張となっている」といった意味です。

5次元であれば、$2^5 = 32\text{cm}^5$、6次元であれば、$2^6 = 64\text{cm}^6$、とするのが "Well-defined" です。

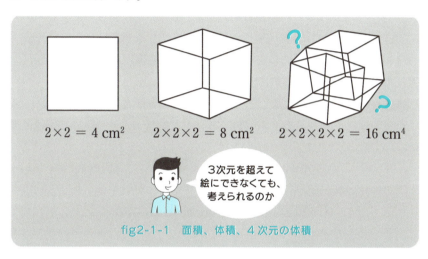

fig2-1-1　面積、体積、4次元の体積

ベクトルは単なる「数字の組」ではない

2次元、あるいは3次元の世界で「ベクトル」といえば、平面空間、あるいは立体空間の中に描かれた1本の矢印を想像する人が多いと思います。

ただ、ここでいったん日常の物理的な世界を離れて、あくまでも数字の上だけで「ベクトルとは何？」と尋ねられたら

「ベクトルとは、複数個の数字の組」という以上の意味はありません。

　　2次元ベクトルとは、(2,3)のような2つの数のペア。
　　3次元ベクトルとは、(7,5,3)のような3つの数の組。
　　4次元ベクトルとは、(2,4,6,8)のような4つの数の組。
　　100次元ベクトルとは、100個の数の組のことです。

AIについて書かれたドキュメントを見ると、のっけから
「入力データを784次元ベクトルとして扱ったとき……」
などと書いてあって、驚くかもしれません。
しかしこの記述は単に「入力データは784個の数字ですよ」と言っているに過ぎません。驚くことなんて、ひとつもありません。

* ちなみに、手書き文字の認識で、1マスが28×28のとき、784のピクセル（784次元）を扱うことになります。

そうだとすると、なぜ、わざわざ「ベクトル」などという用語でカッコつけるのか？　単に「数字の組（ペア）」と言えばよいのではないか、と思うのも無理からぬ話です。
実はベクトルには「距離」という重要な考え方が含まれています。
<u>距離の概念こそが、ただの「数字の組」と「ベクトル」との違いを分ける本質</u>なのです。

（ただの数字の組） ー ［距離の概念］ ⟶ （ベクトル空間）

例を挙げましょう。
1年12か月の売上データは、12個の「数字の組」に過ぎません。
ここで、毎年の売上データの間の「距離」を考えてみましょう。
1つのアイデアとして、データ同士の平均値を比較するという方法があります。

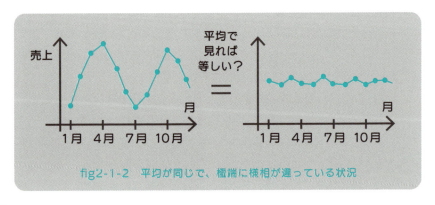

fig2-1-2　平均が同じで、極端に様相が違っている状況

2-1 多次元空間と多次元ベクトル

しかしこの方法だと、たとえば図のような2つの極端に異なる売上データであっても、平均が同じであれば「距離は0」ということになってしまいます。

　そこで別のアイデアとして、12か月の売上データを、12次元空間の中の1点であると（強引に）想像してみましょう。12次元空間の中の「1点を指定する」ということは、12個の数字を同時に指定するのと同じことです。

　この12次元空間の中に、去年の売上データの点と、今年の売上データの点があったとしたら、2点間の距離というものが考えられます。

　12次元空間の距離は、どうやって測るのか？

　簡単な2次元空間、3次元空間の距離から類推しましょう。

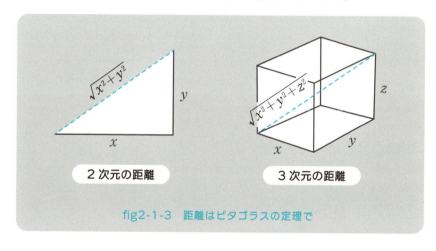

fig2-1-3　距離はピタゴラスの定理で

　　2次元空間の距離は、$\sqrt{x^2+y^2}$　　　（ピタゴラスの定理です）
　　3次元空間の距離は、$\sqrt{x^2+y^2+z^2}$

となるので、「12次元空間の距離」となれば、

$$\sqrt{x_1^2+x_2^2+x_3^2+\cdots\cdots+x_{12}^2}$$

と考えるのがWell－definedでしょう。あるいはシグマ記号Σを使って、

$$\sqrt{\sum_{i=1}^{12} x_i{}^2}$$

と書いてもよいでしょう。

> ＊ 2次元は習慣的に x, y、3次元は x, y, z で表わすことが多いのですが、12次元になると文字が足りません。そこで、多次元のデータは x_i で表わすことが一般的です。ここで「あれっ、x が急に増えたぞ?」と戸惑う人がいるかもしれないので、念のため……。

　空間をイメージすることで、データの近い、遠いという感覚に、はっきりとした数値を与えることができます。
　ということで、**ベクトル空間とは「距離の感覚」のこと**なのです。

　ここでイメージした $\sqrt{\sum x_i{}^2}$、つまりデータの2乗和のルートのことを「ユークリッド距離」と呼んでいます。ユークリッド距離とは、ある意味、最も自然な距離感覚です。
　このユークリッド距離の他にも、いろいろなタイプの距離を考えることができます。
　データの種類と目的に応じて、適切な距離をデザインする、というのが「距離感覚」の進んだ使い方です。

Summary

- （現在主流の）AIで扱うデータのほとんどは、ベクトルである。
- ベクトルの組になっている数字の数だけの次元が想像できる。(x, y, z) と3つで組になっていれば3次元だ。
- ベクトルと同じ次元の空間をイメージすれば、1つのベクトルデータは空間内の1点で表わされる。
- データを「点」と見なすことで、データ同士の「距離」が明らかになる。

2-2 標準偏差と正規分布

QUESTION

統計学では、(母集団の)標準偏差 σ(シグマ)を次のように計算しますよね。

$$\sigma = \sqrt{\frac{1}{n}\sum_{i=1}^{n}(x_i - \mu)^2}$$

(x_i は個々のデータ、n はデータの個数、μ は平均値)

なぜ、2乗したり、ルートにしたりと、こんな面倒くさい計算をするのですか?

ANSWER

標準偏差とは、要するに「多次元空間にばらまかれたデータの塊の半径」のことです。面倒くさそうに見えるこの計算はデータの塊の半径の長さを計算しています。

統計学では、**データのバラツキの大きさを**「標準偏差」という数値で表わします(記号は σ:シグマの小文字)。

実はこの標準偏差とは、多次元空間における「距離感覚」の重要な応用の1つなのです。

標準偏差の計算式を、1つ前の「2-1」に登場した「ユークリッド距離」の式と比べてみてください。どちらも、「2乗和のルート」という、まったく同じ計算であることが見て取れるでしょう。

正規分布をダーツで考えると

　平均を中心としたフワッとした丸い塊が、多次元空間に浮かんでいると想像してみてください。

　標準偏差とはその塊を球と見なしたときの、おおよその半径であると捉えることができます。つまりデータとは大まかに言って、平均を中心に、標準偏差を半径に見立てた「丸い塊」なのです。

　この「データの丸い塊」のアイデアを発展させたものが「正規分布」です。いま、多次元空間の中に浮かんだ1点の標的に向かって、たくさんのダーツを投げたとしましょう（下の図を参照）。

　たくさんのダーツが突き刺さった点を集めてつくった「塊のシルエット」を想像してください。それが「正規分布」なのです。

　正規分布の著しい特徴は、**平均と標準偏差という2つの数値で正規分布の形状が決まる**、ということです。

　この特徴は、円（または球）という図形が、中心と半径という2つの数値で形状が決まることに似ています。

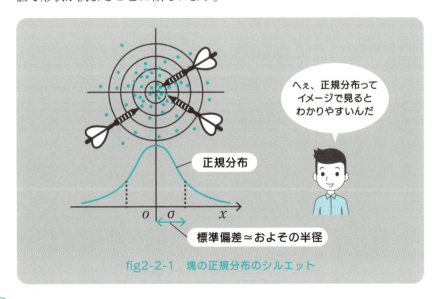

fig2-2-1　塊の正規分布のシルエット

ダーツが標的から外れる誤差の大きさは、どのように考えるのが自然でしょうか。1つの自然な仮定は、次のものです。

　『ダーツが外れる確率は、標的の中心から離れるほど、その距離に応じて小さくなる』

　たとえば、標的の中心から1cmだけダーツが外れる確率が 1/2 ＝ 50%だったとしましょう。

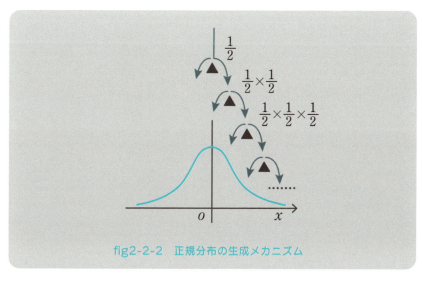

fig2-2-2　正規分布の生成メカニズム

　その地点から、さらに1cm（つまり2cm）外れる確率は、

$$\frac{1}{2} \times \frac{1}{2} = \left(\frac{1}{2}\right)^2 = 25\%$$

　その地点から、さらに1cm（つまり3cm）外れる確率は、

$$\frac{1}{2} \times \frac{1}{2} \times \frac{1}{2} = \left(\frac{1}{2}\right)^3 = 12.5\%$$

　その地点から、さらに1cm（つまり4cm）外れる確率は、

$$\frac{1}{2} \times \frac{1}{2} \times \frac{1}{2} \times \frac{1}{2} = \left(\frac{1}{2}\right)^4 = 6.25\% \quad \cdots\cdots$$

　このように「確率の積の法則」に従って、外れる確率が距離の累乗に比例して小さくなるものと仮定します。

　この仮定のもとに算出したシルエットが「正規分布」と呼ばれる、いわば**「スタンダードなデータの塊」の形状**だったのです。

＊【詳しい人向けの補足】
正規分布は、次の微分方程式を解くことで得られます。
$$f'(x) = -xf(x)$$
目的とする確率分布の変化は、標的の中心からの距離と、その場の値（確率）に比例して小さくなります。ここでは、
　（標的の中心）＝0、（標的の中心からの距離）＝x
としています。
この微分方程式の解は、
$$f(x) = C \exp\left(-\frac{x^2}{2}\right)$$
となり、これが正規分布の骨格です。

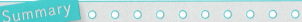

Summary

- 多数のデータを多次元空間にプロットすると、平均を中心に、標準偏差を半径とする「丸い塊」として捉えることができる。
- 最も自然な「丸い塊」のシルエットが「正規分布」である。
「自然な」というのは、次の仮定のことである。
データが存在する確率は、『本来の値（標的の中心）と、そのデータ（ダーツが当たった点）までの距離に応じて小さくなる』と言える。

2-3 積分は多次元空間の体積

> **QUESTION**
>
> 積分って、結局、何なのですか?
> 積分して、それが何の役に立つというのですか?

ANSWER

 率直で、そしてキビシイご質問ですね。
積分とは「面積とか体積のこと」とよく言われますが、もっとシンプルにいうと、「多次元空間の体積」のことです。
え? ちっともシンプルではないって?(汗)

　まず、1辺が x の2次元の正方形を、下のように斜めからカットすると、緑色の部分の面積はいくつでしょうか?

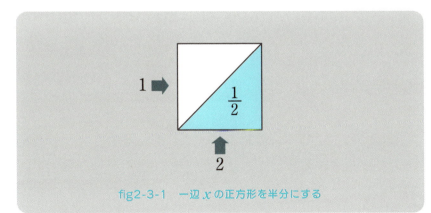

fig2-3-1　一辺 x の正方形を半分にする

答：x^2の半分だから、$\frac{1}{2}x^2$

次に、1辺がxの3次元の立方体を、下のように3つのパーツにカットすると、1パーツの体積はいくつになるでしょうか？

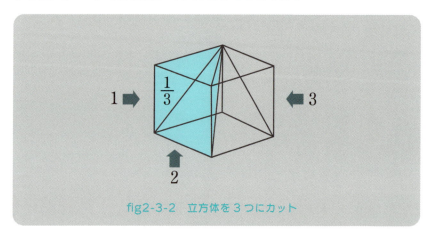

fig2-3-2　立方体を3つにカット

答：x^3を3つに分けたから、$\frac{1}{3}x^3$

同じように、1辺がxの4次元の超立方体があったとして、4つの次元に対して4つに切り分けると、1パーツの体積はいくつになるでしょうか？

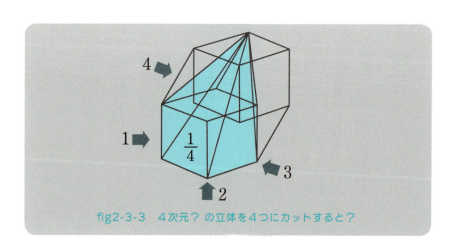

fig2-3-3　4次元？の立体を4つにカットすると？

答：図には書けないが、x^4 の $\frac{1}{4}$ と考えて、$\frac{1}{4}x^4$ というのが、Well-defined である。

x^2, x^3, x^4 の面積が表わすものとは

一般に、n 次元の超立方体を、n 個のパーツに切り分けたなら、1個のパーツの体積は $\frac{1}{n}x^n$ となります。

この事実は当たり前のようにも思えますが、少し見方を変えてみましょう。

最初の2次元の三角形をグラフに乗せると、これは、$y = x$ という関数のグラフより下の部分の面積となります。

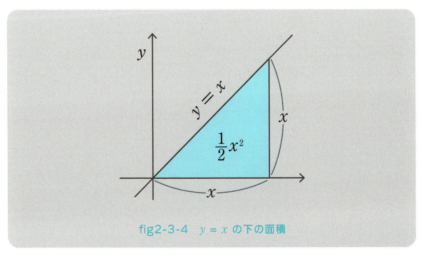

fig2-3-4　$y = x$ の下の面積

つまり、$y = x$ というグラフの下の面積は、$\frac{1}{2}x^2$ です。

同じように、3次元の四角錐を、こんなふうにグラフの上に投影したとしたら、四角錐の体積は、$y = x^2$ という関数のグラフの下の面積を表わすことになるでしょう。

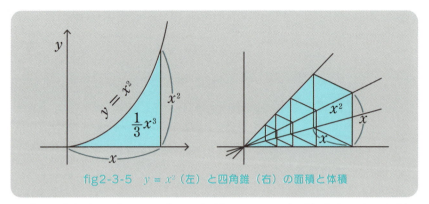

fig2-3-5 　$y = x^2$（左）と四角錐（右）の面積と体積

　別の見方をすれば、$y = x^2$ というグラフは、正方形を小さい方から順に、次々と並べていったものと見なせます。

　グラフの下の面積は、四角錐の体積と同じなので、$\frac{1}{3}x^3$ となります。

　同じようにして、$y = x^3$ という関数のグラフの下の面積は、4次元四角錐の体積であると考えられます。

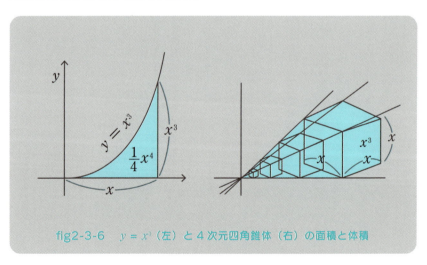

fig2-3-6 　$y = x^3$（左）と 4 次元四角錐体（右）の面積と体積

　$y = x^3$ というグラフは、立方体を小さい方から順に、次々と並べていったものだと見ることができます。

　つまり、$y = x^3$ のグラフの下の面積は、$\frac{1}{4}x^4$ となります。

以上をまとめると、$y = x^n$ のグラフの下の面積は、$\frac{1}{n+1}x^{n+1}$ となります。このグラフの下の面積の計算方法が、x^n の「積分」です。

積分は、次のように表記し、$\int$ の記号は「インテグラル」と読みます。

これがインテグラル

2次元の場合：$\int x dx = \frac{1}{2}x^2$

3次元の場合：$\int x^2 dx = \frac{1}{3}x^3$

一般の場合：$\int x^n dx = \frac{1}{n+1}x^{n+1}$

定積分と不定積分の違いは？

ここまで、立体の体積、あるいはグラフの面積を、すべて0からスタートする形で計算してきました。

この計算は、スタート地点が0以外の場合にも応用することができます。

2次元で考えてみましょう。

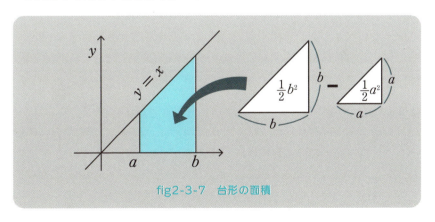

fig2-3-7　台形の面積

図のように、スタート地点とゴール地点を a から b までという形にしたとしましょう。

このとき、計算したい台形の面積は、

　　［b地点までの三角形］－［a地点までの三角形］

によって求めることができます。

$$（台形の面積）= \frac{1}{2}b^2 - \frac{1}{2}a^2$$

このように、スタート地点とゴール地点をはっきり定めた積分を「定積分」と言います。

数学の記号では、スタート地点とゴール地点を $\int$（インテグラル）の下と上に記載します。

$$\int_a^b xdx = \frac{1}{2}b^2 - \frac{1}{2}a^2$$

スタート地点とゴール地点を決めないことには、面積（あるいは体積）は定まりません（先ほどは暗黙のうちに、スタート地点＝0、ゴール地点＝x、と定めていました）。

スタート地点とゴール地点が決まっていない状態のことを、定積分に対して「不定積分」と呼んでいます。

「不定積分」の場合、式の値が確定していないことを表わすために、「積分定数（記号：C）」というものを付けます。

$$2次元の場合：\int xdx = \frac{1}{2}x^2 + C \qquad ←このように＋C を付けておく。$$

この「積分定数」というネーミングは誤解を招きがちです。というのも、積分定数は「定数」どころか「未定数」だからです。

不定積分は、「まだスタート地点とゴール地点が決まっていないので、この C の値は確定していないぞ」という意味です。

以上で多次元空間図形の体積の計算方法がわかったのですが、質問に戻って、これが一体何の役に立つのでしょうか？

AIの文脈で言えば、多次元空間の体積には、まず「確率」という意味があります。

多数のデータが多次元空間に散らばっている様子を想像してみてくだ

さい。広い体積にフワッと広がっているデータは「なかなか当たらない」、狭い体積にギュッと集まっているデータは「的中率が高い」状態です。

特に、「2-2」で見た「正規分布」の広がりを積分で計算しておけば、<u>どれほどの確率で予想が当たるのか、見通しが立てられる</u>ことでしょう。

それこそ、統計学の行なっていることです。

Summary

- べき乗の積分公式

$$\int x^n dx = \frac{1}{n+1}x^{n+1}+C$$

- AIの文脈で言えば、積分には、まず"確率"という意味がある。

2-4 微分とは、変化を取り出すこと

QUESTION

積分はなんとなくですが、わかりました。
じゃぁ、微分って何なのですか？ 何の役に立つのですか？

ANSWER

微分を一言で言えば「最適化」です。「最適化」とは、言葉を変えると、最も居心地の良い答を探し出す計算のこと……です。

例として、エアコンを取り上げて考えてみます。

エアコンの設定温度と、体感する居心地の良さをグラフに描いたなら、次のようになるでしょう。

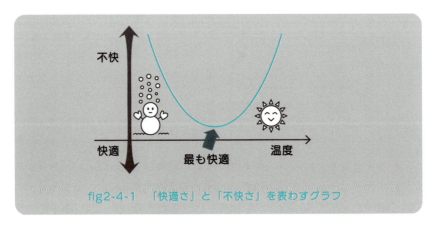

fig2-4-1 「快適さ」と「不快さ」を表わすグラフ

グラフは下に行くほど快適であることにします。つまり縦軸は居心地の良さではなく、「不快の度合い」ということになります。

微分がエアコンの最適温度を見つける

さて、私たちは、どのようにして「最も快適な温度」を見つけるのでしょうか。まずエアコンを付けてみて、暑すぎれば設定温度を下げ、寒すぎれば設定温度を上げる、という操作を繰り返すことでしょう。

この暑さ、寒さの感覚をグラフに書き加えれば、こうなります。

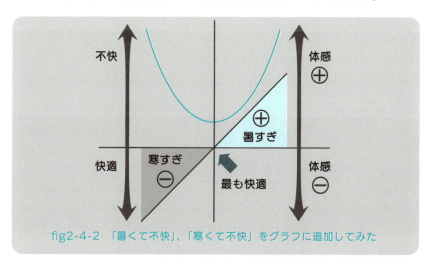

fig2-4-2 「暑くて不快」、「寒くて不快」をグラフに追加してみた

新たに書き加えたグラフの縦軸は、体感するプラス、マイナスの感覚を表わしています。温度がより高くなれば、暑くて不快と感じ、より低くなれば、寒くて不快と感じます。

私たちは、**この不快な感覚を打ち消す方向に、エアコンの温度をコントロールする**わけです。

ここで、元になった不快の度合いのグラフから、体感するプラス・マイナスの感覚を抜き出す操作が「微分」です。

これで「微分が何の役に立つか」は、最適化という目的からすれば一目

瞭然でしょう。

　微分とは、最適な答に向かって、コントローラーをどちらの向きに、どれだけ動かせばよいかを見出すための計算方法です。

　コントローラーを「ニューラルネットワーク」に、不快の度合いを「誤差の大きさ」にあてはめれば、微分とはAIそのものです。

　つまり**AIは、誤差の微分という感覚に従って、ニューラルネットワークをコントロールする操作を繰り返し、最も居心地の良い答を探し出します。**

　では、どのようにして、元になった不快の度合いから、プラス・マイナスの感覚を抜き出せるのでしょうか。

　私たちは、温度がプラスに変化したら暑く感じ、マイナスに変化したら寒く感じます。であれば、元になったグラフから、その変化の大きさを取り出せば、目的の結果が得られることになります。

　微分とは、正にそのような、変化の大きさを抜き出す作業のことです。

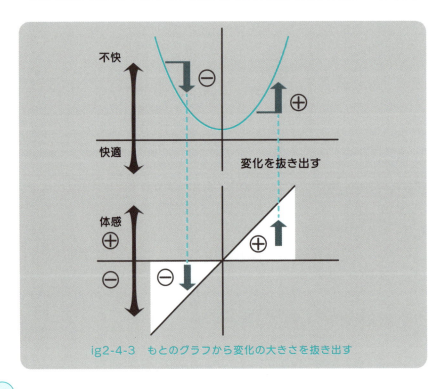

ig2-4-3　もとのグラフから変化の大きさを抜き出す

よく、微分とは「グラフの傾きである」と説明されることが多いと思います。
　それは、グラフの傾きが、とりも直さずプラス・マイナスの変化の大きさを表わしているからです。
　また物理学では、「物体の位置を、時刻に対して微分したものが速度である」と説明されます。その意味は、物体の位置の（時刻に対する）変化のことを「速度」と呼んでいるからです。

　それでは数式の上で、微分の計算方法をたどってみましょう。

① 1次関数の微分

　グラフが直線の場合、直線の傾きがそのまま微分の結果となります。
　$y = 3x$ を微分した結果は 3 です。また、下図のように $y = 5x + 7$ を微分した結果は 5 です。+7 はこの場合、グラフ全体を底上げしているだけであって、傾きには関係ありません。

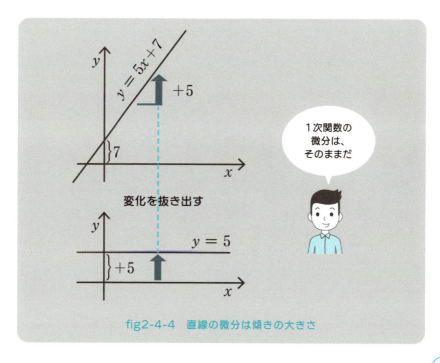

fig2-4-4　直線の微分は傾きの大きさ

微分を数式記号で表わすときは「′」、つまり「プライム」記号を付けます。「ダッシュ」と呼ぶ人もいますが、正式には「プライム」です。

$$(3x)' = 3$$
$$(5x + 7)' = 5$$

② 2次関数の微分

2次関数 $y = x^2$ のグラフは、見方を変えれば、正方形を小さい方から順に、次々と並べていったものと見なせます。

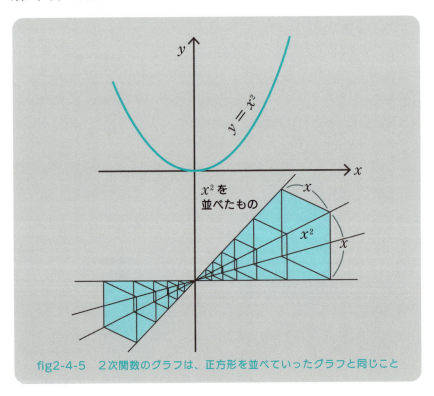

fig2-4-5　2次関数のグラフは、正方形を並べていったグラフと同じこと

この図で、すぐ隣にある正方形との差分を調べれば、変化の大きさが見て取れます。

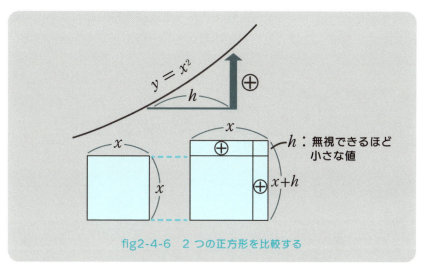

fig2-4-6 2つの正方形を比較する

すぐ隣の正方形との実質的な差分は、上と、横の2辺です。

正方形の一辺の長さをxとすると、2つの辺を合わせた長さは$2x$です。

このことから、すぐ隣からの変化の大きさ、つまり微分は$2x$であるとわかります。

$$(x^2)' = 2x$$

＊読者の中には「コーナーに残された小さな正方形が気になる」とか、「このような図形だけでは納得できない」という疑念が残るかもしれません。上の図形(fig2_4_6)に示した内容を数式で書き直すと、次のようになります（hだけ離れた正方形の差分について、hを極限まで小さくした値）。

$$= \lim_{h \to 0} \frac{(x+h)^2 - x^2}{h}$$
$$= \lim_{h \to 0} \frac{x^2 + 2hx + h^2 - x^2}{h}$$
$$= \lim_{h \to 0} \left(\frac{2hx}{h} + \frac{h^2}{h} \right) \quad h\text{で分母を割る}$$
$$= \lim_{h \to 0} (2x + h) \quad h \to 0$$
$$= 2x$$

この式変形と、上の図形を比べると、2つが対応していることが見てと

れます。たとえば「コーナーに残された小さな正方形」は、式の上ではh^2に対応します。この式と図形との対応が、互いの正当性を裏付けています。

③ 3次関数の微分

3次関数$y = x^3$のグラフは、見方を変えれば、立方体を小さい方から順に、次々と並べていったものと見なせます。

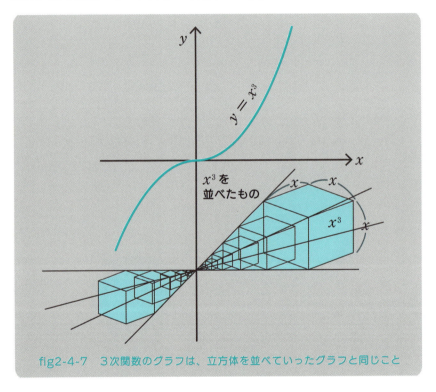

fig2-4-7　3次関数のグラフは、立方体を並べていったグラフと同じこと

この図で、すぐ隣にある立方体との差分を調べれば、変化の大きさが見て取れます。

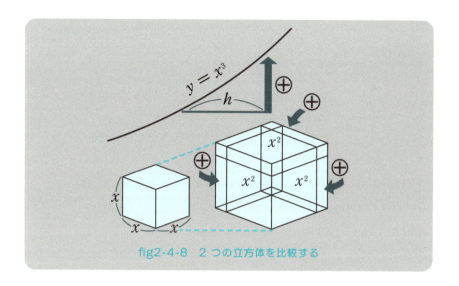

fig2-4-8　2つの立方体を比較する

すぐ隣の立方体との実質的な差分は、縦、横、高さの3つの面です。

立方体の一辺の長さをxとすると、3つの面を合わせた面積は$3x^2$です。

このことから、すぐ隣からの変化の大きさ、つまり微分は$3x^2$であるとわかります。

$$(x^3)' = 3x^2$$

④ 4次関数の微分

1次元, 2次元, 3次元の先も、すべて同じことです。

$$(x^n)' = nx^{(n-1)} \qquad (n = 次元の数)$$

以上の微分の計算は、「2－3」で見た積分の逆の操作になっています。

積分を「細かく切った立体図形を足し合わせた結果」と見るならば、微分は「細かく切った立体図形の差分をとった結果」です。

積分が足し算なら、微分は引き算であり、両者は逆の関係にあります。

Summary

- 微分とは、元になる量から、その変化の大きさを取り出す作業のこと。
- ちょうど、「暑さ」「寒さ」を打ち消す操作を繰り返せば最も快適な温度にたどり着くように、
  変化を打ち消す方向に操作を繰り返せば最適な答にたどり着ける。
  それがAIの行なっていることだ。
- べき乗の微分公式
$$(x^n)' = nx^{(n-1)}$$

2-5 なぜ2乗誤差なのか？

QUESTION

AIで誤差の扱い方を調べると、まっさきに「平均2乗誤差」がヒットします。なぜ、「2乗」なんですか？
2乗するよりも、もっと単純に、

　　　（誤差）＝（予測結果）−（教師データ）

でいいと思うけど。なぜ2乗でないと、いけないんですか？

ANSWER

たしかに、（予測結果）−（教師データ）でもよさそうに思えますが、「繰り返し学習して、正解に近づける」というプロセスを考えると、2乗が最も自然に思えるからです。

「誤差の測り方」って、そもそも1通りではありません。いくつかある誤差の測り方のうち、最もメジャーなのが「平均2乗誤差（MSE）」という方法です。

$$\text{MSE} = \frac{1}{n}\sum_{i=1}^{n}(\text{output}_i - \text{teach}_i)^2$$

　MSE：平均2乗誤差(Mean Squared Error)
　output_i：予測値 ＝ 学習中のAIが出した予測値
　teach_i：教師データ ＝ 本当の値
　n：対象とするデータの数

最初の疑問に、「なぜ、（予測結果）－（教師データ）ではいけないのか？」
とありましたが、上記のような誤差の測り方を「平均絶対誤差（MAE）」
といいます。もちろん、間違っているわけではありません。

$$\mathrm{MAE} = \frac{1}{n} \sum_{i=1}^{n} \Big| \, \mathrm{output}_i - \mathrm{teach}_i \, \Big|$$

MAE：平均絶対誤差　（Mean Absolute Error）

｜｜は絶対値の記号。マイナスの場合は符号をプラスに変えた、正
味の大きさのこと。

なぜ、2乗誤差がいいのか？

この2つ以外にも、いろいろな誤差の測り方があります。

では、なぜいろいろな測り方の中で、2乗誤差が最もメジャーなので
しょうか。

シンプルな繰り返し学習で考えてみましょう。

いま、教師データが「10±5」で変動している状況があったとします。

でも、私たちは当初、「10±5」という正解を知らないので、当てずっ
ぽうに「3」という予想を立てたとしましょう。

この状況で1回目の結果を開けてみたところ、正解は7でした。

ここで、あなただったら次の予測をいくつにしますか？

おそらく次の予想は、1回目の予想「3」よりも大きくすることでしょう。
ここで問題にしたいのは、どれくらい予想を大きくするのか、その方針です。

　方針❶毎回一定の大きさで予想を修正する。
　　　たとえば、毎回「1」ずつ修正する。

　方針❷予想と結果のずれの大きさに合わせて修正する。
　　　たとえば差が7－3＝4だったら、4×（一定の割合）だけ修正する。

この2つの方針があったとき、おそらく多くの人が、方針❷の方が自然だと考えるのではないでしょうか。
　ここで、方針❶が「絶対誤差」、方針❷が「2乗誤差」です。

　いったい方針❷の、どこが2乗なのでしょうか？
　次の図を見比べてください。

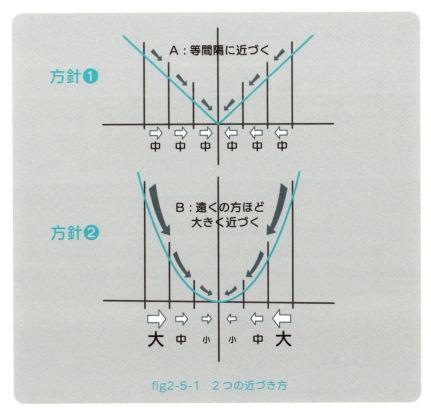

fig2-5-1　2つの近づき方

　ずれの大きさに合わせて近づく、ということは、**誤差の変化が遠くの方ほど急激であるということ**です。この状況をグラフ化するなら、遠くの方ほど急な傾きを持つ「おわん型」となるでしょう。
　これが正に2乗のグラフであり、誤差の大きさを2乗で測る理由です。

一方、方針❶は、正解の近くであろうと、遠くであろうと、誤差の変化は一定であるという前提に基づいています。これをグラフに表わすと、前ページの上図のようなＶの字型の絶対値を示す直線となるでしょう。

誤差関数と損失関数

　方針❷の方が自然であるからと言って、方針❶も決して間違いというわけではありません。たとえ毎回、固定で1ずつの修正であっても、回数を重ねれば、いずれは正解にたどり着きます。

　どちらがより適切か、という選択は、実はデータの状況次第で変わります。

　こうした誤差の測り方のことを、AI（人工知能）の用語では「誤差関数」、あるいは「損失関数」と呼んでいます。方針❶が MAE（Mean Absolute Error）という誤差関数、方針❷が MSE（Mean Squared Error）という誤差関数です。

　ここではよりメジャーな、❷MSE の中身を詳しく見てみましょう。

　方針❷に従って、予想が正解から離れるほど、修正すべき誤差の量が大きくなるとしましょう。正解からの距離を x、誤差の修正量を y'、η を1回に修正する割合（学習係数）という記号で表わすと（なお、η はギリシャ語でエータ、またはイータと読む）、

$$y' = \eta x$$

　式にするとむずかしそうですが、グラフ（次ページ）に描けば、これは単なる直線です。

　誤差の大きさ y は、修正すべき変化量 y' を積算した合計だと見なせます。つまり、修正量の積分です。

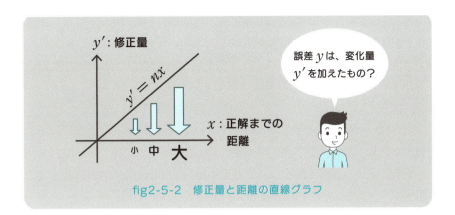

fig2-5-2　修正量と距離の直線グラフ

$$y = \int y'dx = \int \eta x dx = \frac{1}{2}\eta x^2$$

なので、誤差関数は

$$y = \frac{1}{2}\eta x^2$$

という2乗の形になります。

　これも式にするとむずかしそうですが、実は「三角形の面積」であったことを思い起こしてください。

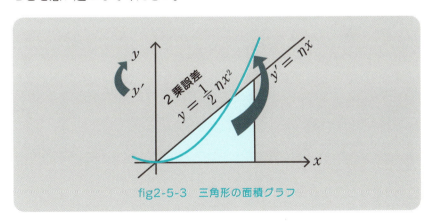

fig2-5-3　三角形の面積グラフ

　一般的な機械学習の説明では、まず天下り的に「2乗誤差があって、それを微分することで修正量を求めるのだ」と教えられます。

$$y = \frac{1}{2}\eta x^2 \quad \text{……まず2乗誤差がある}$$
$$y' = \eta x \quad \text{……その微分が修正すべき量である}$$

しかし、なぜ2乗誤差なのかと、改めて問われる機会は少ないように思います。

2乗誤差が「自然である」とする理由はいくつかありますが、繰り返し学習という立場からすれば「誤差の大きさに比例して修正するやり方」が2乗誤差だったのです。

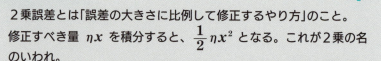

2乗誤差とは「誤差の大きさに比例して修正するやり方」のこと。
修正すべき量 ηx を積分すると、$\frac{1}{2}\eta x^2$ となる。これが2乗の名のいわれ。
そもそも誤差の測り方は1通りではない。
誤差の測り方のことを「誤差関数」、あるいは「損失関数」という。

2-6 2乗誤差 vs 絶対誤差

QUESTION

2乗誤差の考え方は前項（2－5）でわかりました。
では、それ以外の誤差の測り方については、どのように考えればよいでしょうか。

ANSWER

2乗誤差がスタンダードですが、絶対誤差には「外れ値に強い」という特性もありますよ。

東京に5人、大阪に4人のメンバーがいるチームが、1か所に集まって会合を開くことになりました。どこに集まるかを相談したところ、

「東京に5人、大阪に4人だから、東京～大阪間を4：5に分けた地点が公平だ。静岡県掛川あたりがいいかな？」

という意見が出ました。
皆、この意見に納得し、開催地が掛川に決まりかけたところ、1人がこんなことに気付いたのです。

「あれっ、全員が東京に集まった方が、交通費の合計が安く済むぞ……」

JRの交通費は（1,000キロメートルまでは）移動距離に比例しています。
　ということは、移動する人数を4人に抑えた方が、中途半端に5人と4人の合計9人が移動するよりも安く済むわけです。
　これを聞いて、なんとなく損したように思うのが、移動する大阪のメンバーたちです。

　「うーん、その通りかもしれないけれど、納得いかないなぁ……。確かに、一番安いのは東京集合だけれど、掛川集合の方が『自然な』気がする」

　「じゃあ、その『自然』って、いったい何なんだよ？」

東京と大阪のシーソー、重心はどこ？

　賢明な読者は既におわかりでしょう。
　掛川に集まるのが『2乗誤差』、東京に集まるのが『絶対誤差』という考え方なのです。
　これらは、どちらが正しいという議論ではなく、誤差をどのように捉えるか、という考え方の違いです。
　JRの交通費が東京集合で最も安くなるということは、JRの交通費は絶対誤差の考え方に基づいてデザインされている、ということです。もし交通費が、距離が遠くなるほど（距離の2乗の比例して）急激に高くなるようにデザインされていたなら、掛川集合が最も安くなります。

　ではなぜ、掛川集合は「自然な」気がするのでしょうか。
　それは、<u>掛川が5人のメンバーの平均値＝重心となっている</u>からです。
　もし東海道線と同じ長さの、長い長いシーソーをつくったなら、そのシーソーはちょうど掛川を支点として釣り合います。

　平均値には物理的に「重心」という意味があり、そのバランス感覚が人間に「自然」と思わせる理由だと思います。

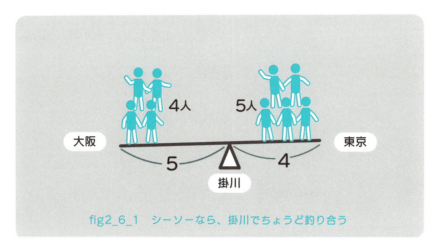

fig2_6_1 シーソーなら、掛川でちょうど釣り合う

あるいは、1つの点に9本の長い長いバネを付けて、5本を東京から、4本を大阪から引っ張ったなら、その点は平均値である掛川で釣り合います。

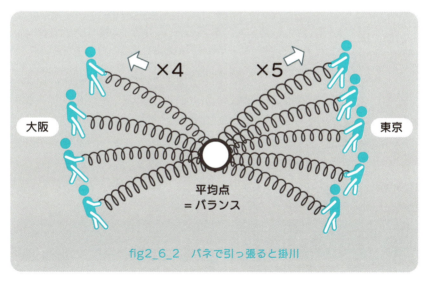

fig2_6_2 バネで引っ張ると掛川

バネには、引っ張れば引っ張るほど、伸びた長さに比例する力が働きます。そのときバネに溜まるエネルギーは、伸びた長さの2乗に比例します。

バネが最も居心地よく安定する点は、物理的に溜まったエネルギーが最も小さくなるところです。

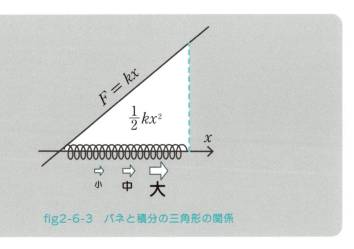

fig2-6-3　バネと積分の三角形の関係

バネに働く力　　　　　力 $F = kx$

バネに溜まるエネルギー　エネルギー $E = \int kx dx = \dfrac{1}{2}kx^2$

x：バネを引っ張った長さ。AIにあてはめれば修正すべき量
k：バネ定数 = バネの硬さを示す数値。AIにあてはめれば、学習係数 η

バネにエネルギーが溜まる関係式は、「2−5」で見た「修正すべき量の積算が2乗誤差となる関係式」と同じ形をしています。

バネのモデルに当てはめるなら、溜まったエネルギーが2乗誤差であり、伸びた長さ x が修正すべき量であり、落ち着く先の平均値＝重心がAIが探し当てる答に相当します。

TOKYO に全員、集合！

では次に、全員が東京に集まるという「絶対誤差」の考え方は、どのようなモデルとなるでしょうか。

今度の場合はバネの替わりに、「伸び縮みしない綱」で引っ張ることを考えます。

1つの点に9本の長い長い綱を付けて、5本を東京から、4本を大阪から

引っ張ったなら、その点はどこに落ち着くでしょうか。

5対4で綱引きしたら、最終的にその点はズルズルと東京までたぐり寄せられます。

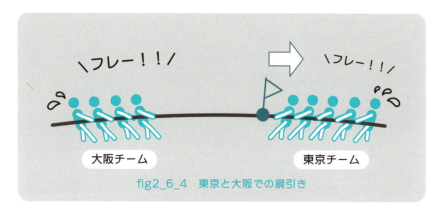

fig2_6_4　東京と大阪での綱引き

綱引きの様子を、もう少し詳しく見てみましょう。

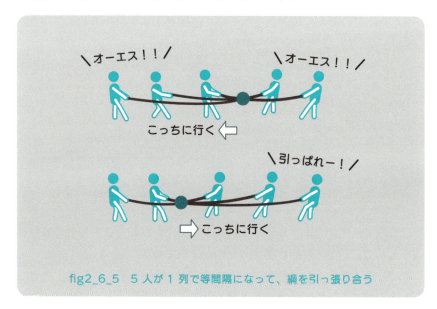

fig2_6_5　5人が1列で等間隔になって、綱を引っ張り合う

　図からわかる通り、**綱の右側と左側の人数が等しくなったところが、点の落ち着く先**となります。

　5人であれば、中央の3人目の位置に落ち着きます。

つまり、複数個のデータが綱引きをしたならば、綱の長さの合計が最も短くなるのは、落ち着く先が「中央値」となったときです。

　（メンバーが偶数の場合、落ち着く先は中央の2名の間のどこでもよいことになります）

　統計学では、よく「中央値は外れ値に対して影響を受けにくいので頑健である」と言われています。その意味は、落ち着く先への近づき方をイメージすることで理解できます。

　絶対誤差の考え方は、距離に関係なく、一律に同じ大きさの修正を加えるというものでした。（2−5、方針❶）

　この方法は、遠方から正解に近づくまでに回数を要する、非効率的な方法かもしれません。しかし逆に言えば、たまたま遠く離れたデータが1個だけ紛れていたとしても、すぐにそちらには引っ張られません。

　なので、**極端な外れ値を含んだデータに対して、絶対誤差はうまく機能**します。

> ＊こうした誤差の意味を知っていれば、より状況に即した誤差関数をデザインすることも可能となります。たとえば「近くは2乗誤差、遠くは絶対誤差」という測り方なら、両者のいいとこ取りが期待できるでしょう。「フーバー損失」「テューキー損失」といった誤差関数は、そうした考え方に基づいています。

東京に集まる？ 掛川に集まる？ 熱海に集まる？

　ところで、先ほどのグループは結局どうしたかというと、両者の意見を取り入れて、熱海の温泉に集まったのだそうです。

　この「絶対誤差」「2乗誤差」の考え方は、機械学習のさまざまなところに、一見高度な応用に見えるトピックスとして登場します。

　本書では解説しませんが、たとえば「L1正則化(Lasso),L2正則化(Ridge)」といった概念には、この誤差の考え方が反映されています。

もし将来、「L1正則化、L2正則化の違いは何なのか？」という疑問に当たったなら、以下を思い起こしてください。

- 東京に集まるのが「L1正則化(Lasso)」
- 掛川に集まるのが「L2正則化(Ridge)」
- 熱海に集まるのが「Elastic Net」

Summary

- **2乗誤差**：感覚的には「バネ」、繰り返し計算の落ち着く先 = 平均値
- **絶対誤差**：感覚的には「綱引き」、繰り返し計算の落ち着く先 = 中央値

第3章 ディープラーニングで活躍する「非線形回帰分析」の知識

3-1 回帰分析とデルタルール

QUESTION

さっそく、ニューロンモデルを使って予測を行ないたいのですが、何から始めればいいですか？

ANSWER

それなら、シンプルな直線による予測から始めてみましょう。
線形ニューロンモデルを使えば、「線形単回帰分析」を実現できますよ。

1本の線で予測をする

「回帰分析」とは、グラフの上でデータにあてはまる**1本の線を引くことで、予測を立てる分析方法**のことです。

たとえば、身長と体重をグラフにプロットすると、きっと、図のように右肩上がりの傾向が見られることでしょう。

この線を、多数のデータから学習することで、自動的に引かせることを考えてみましょう。

グラフの上で直線を数式に表わす1つの方法は、直線のスタート地点（切片）と「傾き」を指定することです。

$$y = Wx + B \quad W:直線の傾き、B:スタート地点（切片）$$

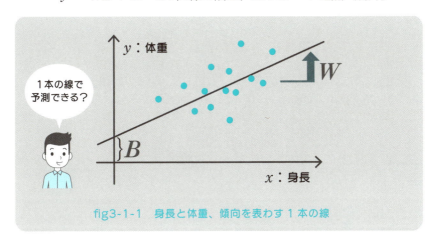

fig3-1-1　身長と体重、傾向を表わす1本の線

グラフの上に、でたらめに1本の直線を置いたとしたら、式の上ではWとBにでたらめな数字を設定することに対応します。

> ＊回帰分析についてよくある質問は、次のものです。
> ・この直線の式はどこから湧いてきたのか？
> ・直線でなければいけないのか？（曲線でもいいのか？）
> まずこの直線の式は、前提条件として、予測を行なう人が考えて定めたものです。「直線」と置いたのは、1つの仮定に過ぎません。
> たとえば、身長と体重の場合、直線よりも
> 　　（標準体重）＝ $W×$（身長）^{2}
> という式の方が、より実際に即していると考えられています。
> （この式に基づいて算出された指標が「BMI」です）
> 直線やBMIのように、**実データにあてはめる前提となる枠組みのことを**「モデル」といいます。直線も1つのモデル、BMIもまた1つのモデルです。**どのモデルがベストであるかは、簡単には決められない**問題です。確かに直線は単純過ぎるかもしれませんが、わかりやすさ、使いやすさの点からすれば優れたモデルです。

この「$y = Wx + B$」という直線の式で、W, Bとあるところはそっくりそのままニューロンの「重み」と「バイアス」（閾値のこと→「1－4」参照）にあてはめることができます。

逆の言い方をすれば、1個のニューロンには1本の直線を表わす能力があります。

こうした直線を学習する手段として、次のような「線形ニューロンモデ

ル」が考えられます。

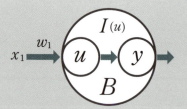

$I(u)$ は実は何もしていないので、
$$y = x_1 \times w_1 + B$$

fig 3-1-2　線形ニューロンモデル

線形ニューロンモデル

$y = I(u)$　　・ニューロンの出力 y は、u の値そのまま。

$u = \Sigma w_i x_i + B$

・u とは、それぞれの入力データ x_i と重み w_i の積の合計に、バイアスBを加えた値である。

$I(u) = u$　　・恒等関数

　上に小さく書かれている「恒等関数」とは、何もしない関数のことです。恒等関数に1を入れれば1が、3を入れれば3が、u を入れれば u が……と、入力したものが、そのまま結果として返ってきます。

　つまり恒等関数とは形式だけのものです。

デルタルールで学習する？

　以前取り上げたマカロック・ピッツモデルでは、ここに「ヘヴィサイドの階段関数」が設定されていました（「1－3」参照）。

　ヘヴィサイドの階段関数をセットすれば、NOT や AND のようなデジタル素子が実現できました。

今回は恒等関数をセットすることで、回帰分析という、また別のことがらを実現しようとしています。

　モデルにセットする関数を差し替えることで、ニューロンには多彩な機能を持たせることができるのです。この、ニューロンモデルにセットする関数のことを「活性化関数」と言います。

　もともとは神経細胞がどのようにして興奮するのか、その活性化のルールという意味です。

　ではこの、線形ニューロンの学習方法を考えてみましょう。

　学習の基本方針は、

　「影響があるところだけを更新する」

　というルールです。

　この方針は、以前「パーセプトロンの学習則」と呼んでいたものです（「1－4」参照）。

　以前の方針を、そのまま今回の回帰分析に当てはめてみましょう。

デルタルール（Widrow-Hoff の学習規則）

$$w \leftarrow w + \eta \, (\text{teach} - \text{output}) \, x$$

$$B \leftarrow B + \eta \, (\text{teach} - \text{output})$$

・入力データ x の値が大きいほど、重み w を大きく更新する。

・バイアス B は、形式上は入力 x が常に 1 となっている重みであると解釈する。

　これが、線形ニューロンの学習方法「デルタルール」です。またの名を、「Widrow-Hoff の学習規則」とも言います。

　見ての通り、形式自体は以前の「パーセプトロンの学習則」とまったく同じです。

　ただ、以前は入出力データが0と1に限られていましたが、今回は連続的な数値を扱っている点だけが違います。

「デルタルール」を用いて回帰分析を行なうプログラムを以下に示しました。

以下では、scikit－learn という Python に付属のライブラリーから糖尿病患者のデータを読み出し、BMI値と疾患の進み度合いの関係を学習しています。

```python
import numpy as np
import pandas as pd

# 糖尿病患者データセット "diabetes" を取り出す
from sklearn import datasets
diabetes = datasets.load_diabetes()
df = pd.DataFrame(diabetes.data, columns=diabetes.feature_names)
train_x = np.array( df['bmi'] )        # 説明変数 = 入力データ、BMI値
train_y = diabetes.target
                       # 目的変数 = 教師データ、1年後の疾患の進み度合い

LEARNING_RATE = 0.01      # 学習係数 -- ここをうまく調整する

W = np.random.rand() * 1000      # 重みWを乱数で初期化
B = np.random.rand() * 1000      # バイアスBを乱数で初期化

for trial in range(300000):
                 # 訓練回数 -- とにかく多めにとらないと結果が安定しない

    rnd = np.random.randint(0, len(train_x))
                          # ランダムに1個データを取り出す
    x = train_x[rnd]
```

```
y = train_y[rnd]

result = x * W + B      # 線形ニューロンの実行
error = result - y      # 誤差

W -= ( LEARNING_RATE * error * x )    # 重みの更新
B -= ( LEARNING_RATE * error )        # バイアスの更新
                        # 学習の結果、得られた重みとバイアスの適正値
print( "y = {} x + {}".format(W, B) )
```

＊このプログラムでは、データからランダムに1件ずつ抜き出す手続きを、30万回も繰り返しています。

なぜ、データを順番に読み出さないのでしょうか。それは、データを読み出す順番を固定すると、学習結果が順序に依存してしまうからです。ちょうどテストで、いつも同じ順序で問題を出していると、生徒が答の順序を覚えてしまうことに似ています。

また、30万回という膨大な繰り返しは、このような単純な方法で結果を安定させるには、訓練回数に頼らざるを得ないことを意味します。**教師あり学習型AIとは、基本的に「物量作戦」なのです。**

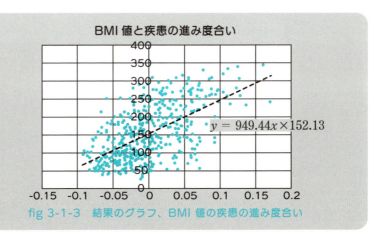

fig 3-1-3　結果のグラフ、BMI 値の疾患の進み度合い

Summary

- ニューロンモデルにセットする関数のことを「活性化関数」と言う。活性化関数を差し替えることで、ニューロンには多彩な機能を持たせることができる。
- シンプルな直線モデルは、線形ニューロンによって学習することができる。
- デルタルールとは、「影響があるところだけを更新する」学習方法のこと。
  デルタルールは、パーセプトロンの学習則の自然な拡張となっている。

3-2 変数を増やした重回帰分析

QUESTION

「3-1」で勉強した単回帰分析では、BMI値という1個のデータしか利用しませんでした。
他に血圧やコレステロールなどのデータもあるので、これらも加えてみたいのですが、どうすれば、複数種類のデータを利用できますか？

ANSWER

ニューロンモデルの入力を増やせば、自然な形で「重回帰分析」に拡張できます。

ニューロンモデルの入力を、データの種類の数だけ増やしましょう。

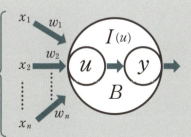

fig 3-2-1　入力を増やしたニューロンモデル

1つのデータの種類のことを、「1つの変数」という言い方をします。ここで用いる糖尿病データには10種類のデータが含まれているので「10変数のデータ」です。

　それに応じたニューロンモデルには、10個の「入力」と、10個の「重み」を持たせます。

単回帰分析を重回帰分析に拡張する

　1変数の回帰分析は「単回帰分析」、複数変数の場合には「重回帰分析」と言います。

　単回帰分析では、1個の入力と1個の出力を、1枚の2次元グラフに描くことができました。

　今度の重回帰分析では、全部で10＋1次元空間となるため、11次元のグラフになります。とても、1枚のグラフには収まりません。

　それでもあえてイメージするならば、

「11次元空間に散らばったデータの点にフィットする『10次元の面』を描く作業」

　ということになります。

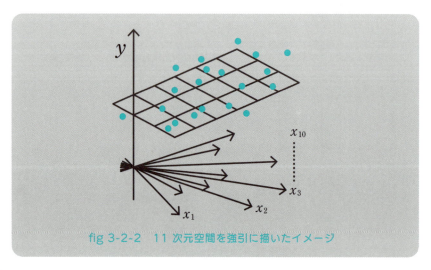

fig 3-2-2　11次元空間を強引に描いたイメージ

先の「3−1」にあった単回帰分析のプログラムを、重回帰分析に拡張することは容易です。以下のプログラムで、★印で示した5箇所が「単回帰→重回帰」で変更を加えたところです。

```python
import numpy as np

# 糖尿病患者データセット "diabetes" を取り出す
from sklearn import datasets
diabetes = datasets.load_diabetes()
train_x = diabetes.data        # 説明変数 = 入力データ、すべての変数を用いる★
train_y = diabetes.target
                       # 目的変数 = 教師データ、1年後の疾患の進み度合い
n_data, n_input = train_x.shape     # 全データ件数、入力データの数★

LEARNING_RATE = 0.01      # 学習係数 -- ここをうまく調整する

W = np.random.rand(n_input) * 1000
                            # 入力の数だけある重みを乱数で初期化★
B = np.random.rand() * 1000      # バイアスを乱数で初期化

for trial in range(3000000):
                # 訓練回数 -- もっと多めにとらないと結果が安定しない★

    rnd = np.random.randint(0, n_data)
                            # ランダムに1個データを取り出す
    x = train_x[rnd]
    y = train_y[rnd]

    result = np.sum( x * W ) + B      # 線形ニューロンの実行★
    error = result - y      # 誤差
```

```
    W -= ( LEARNING_RATE * error * x )      # 重みの更新
    B -= ( LEARNING_RATE * error )          # バイアスの更新

                              # 学習の結果、得られた重みとバイアスの適正値
print( "y = {} x + {}".format(W, B) )
```

変更が少ない理由の1つは、Python言語に単数でも複数でも同じ記述で済ませられる機能があるからです。

以前のプログラム（3－1）では、x と W はそれぞれ1個の数値を表わしていました。

今回のプログラムでは、x と W はそれぞれ複数個の数字の配列を表わしています。特に、Python の ndarray では、配列同士をかけ算すると、同じ位置にある数字同士のかけ算が行なわれます。

```
>>> x = np.array([ 1, 2, 3 ])
>>> W = np.array([ 4, 5, 6 ])
>>> x * W      # 配列同士をかけ算すると 1*4, 2*5, 3*6 を実行する
array([ 4, 10, 18 ])
```

上のプログラムでは、この配列同士のかけ算をうまく利用しています。

Summary

- データの種類のことを「変数」と言う。
- ニューロンモデルの入力を増やすことで、複数の変数に応じることができる。

3-3 自動化 vs マニュアル

QUESTION

「3-2」の重回帰分析では、すべてのデータをニューロンに放り込むことで予測モデルができましたね。

AIって、すっげぇー、便利なんだ。驚いた。この調子で放り込むデータを増やしていけば、AIはどんどん賢くなるんですか？

ANSWER

やみくもに変数を増やしても、予測モデルは改善しません。AIはこの問題を、力業（ちからわざ）で解決するアプローチを提供します。

極端な話、変数をもう1つ増やして、乱数を入力に加えたとしましょう。

このモデルでは雑音が増えただけなので、以前より結果が悪くなることは明らかです。

古典的な重回帰分析では、分析する人が変数を1つずつ調べて、「意味があるか、無いか」を判断します。この事情はAIであっても変わることはなく、何も考えずにデータを放り込むより、1つひとつ取捨選択した方が良い結果が得られます。

AIに、片っ端からデータを入れていくのも手

　ただ、**AIの場合には、訓練回数にものを言わせた力業で取捨選択を行なうことも可能**です。

　試しに線形ニューロンに、乱数を学習させてみましょう。

　「3−1」のプログラムで、訓練データを次のように書き換えます。

```
x = np.random.rand()    # 入力データ、0 ～ 1の乱数
y = np.random.rand()    # 教師データ、0 ～ 1の乱数
```

　訓練を何千回、何万回と繰り返すと、ニューロンの重みは0に、バイアス（閾値）は0.5に近づきます。乱数の影響は、回数をうんと重ねれば相殺されて0になる、という理屈です（このときバイアスは、もし乱数の平均値が0～1の一様乱数であれば0.5に近づきます）。

　この理屈に頼るなら、人がめんどうなチェックを行なわずとも、機械が自動的に答を導き出してくれることになります。素晴らしい！

　では、もうAIさえあれば、古典的な重回帰分析は不要なのでしょうか？そうとも思えません。

❶自動的に答えを出すには、十分なデータ量と膨大な訓練回数が必要なこと。
❷人がきっちりデータを観察した方が、意味がよくわかること。

　❶は言わずもがなでしょう。

　もしデータが5～6件程度しかなかったなら、たとえ本当は乱数だったとしても、AIは「機械的に」見せかけの傾向を拾い上げます。見せかけの傾向かどうかを判断するのは、古典的な統計学の仕事です。

❷の方が、AIにとってより深刻な問題であると思います。

たとえば医療に疎い筆者は、前項の「3-2」で用いた糖尿病患者データがどのような意味を持つのか、まったくわかりません。

（さすがに、'age', 'sex', 'bmi' の意味くらいはわかりますが）

それでも数字だけを用いて、もっともらしい「診断モデル」をつくることができます。

さて、あなたが患者だとしたら、筆者のような医療のシロウトに診てもらいたいと思いますか？「AIとはブラックボックスである」という風評も、このあたりから生じているのではないかと思います。

結局のところ、AIは使い方しだいです。

もし忙しいお医者さんが、何百個もある変数をいちいちチェックできないのであれば、AIは強力なツールになり得ます。あるいは、人が見落としていた傾向を、AIによって発見できる可能性があります。

仮に、「患者の着ていた服の色」というデータがあったとしましょう。

服の色が病状に関係あるとも思えませんが、では、本当にあらゆる病気について、服の色は無関係だと言い切れるでしょうか。

ひょっとすると「なぜか患者には赤い服を着た人が多い」といった、意外な関係が見つかるかもしれません。

とりあえず、**手元にあるデータを片っ端からAIにぶち込んで、「脈のありそうな変数を探す」というのも、AIの1つの使い方**です。

Summary

- 本来であれば、変数の意味を1つひとつ、人がチェックするのが望ましい。
- コンピューターパワーとデータ量が飛躍的に上がった現在、力業は現実的な方法となっている。

3-4 AIは非線形

QUESTION

「3-2」の重回帰分析では、いわばニューロンの横幅を広げることで、AIの性能アップを図りましたよね。
だったら、2つのニューロンを縦に重ねることで、さらなる性能アップが期待できないのでしょうか？

ANSWER

残念ながら、線形ニューロンを縦に重ねても性能アップしません。重ねて効果があるためには、ニューロンが「非線形」であることが不可欠です。

「線形，非線形」とは、どういう意味なのでしょうか。

大ざっぱに言えば、直線が線形で、曲線が非線形です。

「1-6 パーセプトロンの限界」で、データを1本の直線によって切り分けられることを「線形分離可能」と呼んでいました。

より正確な「線形」の定義は、「重ね合わせ」が成り立つことです。

ある関数 $f(x)$ について、
$$f(x)+f(y)=f(x+y) \quad \cdots\cdots 重ね合わせ（加法性）$$
$$f(cx) = cf(x) \quad \cdots\cdots\cdots\cdots 定数倍（スカラー倍）$$
が成り立つとき、この関数 $f(x)$ を「線形」であると言う。

この定義が、なぜ直線と結びつくのか、すぐにはわからないかと思います。試しに、2個の線形ニューロンを重ね合わせてみましょう。

$$y_1 = w_1 x_1 + B_1 \cdots\cdots 1個目$$
$$y_2 = w_2 y_1 + B_2 \cdots\cdots 2個目$$

2つ合わせると、こうなります。

$$y_2 = w_2 (w_1 x_1 + B_1) + B_2$$
$$= (w_1 w_2) x_1 + (w_2 B_1 + B_2)$$

全体として見れば、

重み　　：$(w_1 w_2)$
バイアス：$(w_2 B_1 + B_2)$

という、大きな1個の線形ニューロンがあるのと同じことになります。

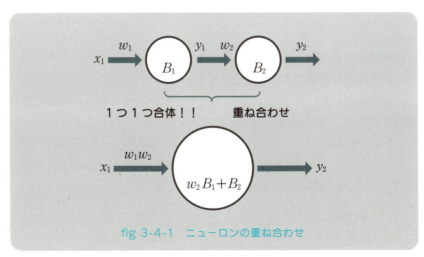

fig 3-4-1　ニューロンの重ね合わせ

つまりこれが先の定義にあった「重ね合わせ」が成り立つ、という意味なのです。

2個の線形ニューロンを重ね合わすと、それが大きな1個の線形ニューロンと同じ働きとなるのです。

　これでは、わざわざ2個にした意味がありません。

　線形ニューロンとは、活性化関数が何の働きも行なっていないニューロンのことでした（形式的に、活性化関数が恒等関数となっていました「3－1」参照）。

　ニューロンを重ね合わせたネットワークがうまく機能するためには、何か非線形な活性化関数を置くことが必要です。

AIは非線形回帰分析で威力を発揮する

　なぜ線形、非線形の区別にこだわるのか。

　それは、**線形なシステムは方程式によって直接解くことができる**からです。

　重ね合わせができる、ということは、逆に言えば、分解できるということです。分解できれば、大きな問題を、小さな問題の集まりに還元することができます。

　それが、線形システムが方程式で解ける理由です。

　線形回帰分析は、AIのような繰り返し学習に頼らずとも、方程式を解くことで厳密な答を出すことができます。

　このため、「3－1」「3－2」で試したようなやり方は、実験的な意味はあっても、本番の線形回帰分析には用いません（Python言語の場合であれば、機械学習アルゴリズムが満載のscikit－learn（サイキット・ラーン）というライブラリに付属の 線形回帰モデルLinearRegression を用いるのがスマートなやり方と言えます）。

> ＊**線形回帰とは、正確には「直線のこと」ではなく、「回帰式が推定パラメータについて1次式であるもの」**のことです。
> 　　　例:（多項式回帰）$y = ax^2 + bx + c$
> 　これは放物線を表わす式ですが、y が a, b, c について1次式なので線形回帰です。

　では、AIの方法は無意味なのかというと、そうではありません。

AIが活躍するのは、「非線形回帰分析」の場合です。

方程式では歯が立たないような複雑な曲線に対して、AIのような繰り返し学習が威力を発揮します（Python言語であれば、scikit－learn に付属の MLPRegressor が、ニューラルネットによる非線形回帰です）。

つまり線形、非線形の違いによって、方程式とAIの棲み分けが成り立っているわけです。

> **Summary**
> - 「線形」とは、「重ね合わせ」が成り立つシステムのこと。
> - 線形 → 方程式で解ける、非線形 → AIのような繰り返し学習、という棲み分けが成り立っている。

3-5　e と指数関数

QUESTION

「指数関数」って言葉が出ていますが、何なのですか？
さらに、e という文字が出ているのですが、これは？

ANSWER

指数関数とは、増え方がその場の値に等しいような、人口増加パターンにあてはまる関数全般のことです。そして、e^x とは、微分しても形が変わらない関数のことを言います。

積分って、何だったか？

積分の復習から始めましょう。
$y = x$ という関数の積分は、$\frac{1}{2}x^2$ でした。（「2－3」参照）

$$\int x dx = \frac{1}{2}x^2$$ 　＊積分定数の+Cは省略しています。

この式をもう一度積分すると、こうなります。

$$\int \frac{1}{2}x^2 dx = \frac{1}{2}\int x^2 dx = \frac{1}{2} \cdot \frac{1}{3}x^3$$

この式をさらにもう一度積分すると、こうなります。

$$\int \frac{1}{2} \cdot \frac{1}{3} x^3 dx = \frac{1}{2} \cdot \frac{1}{3} \cdot \frac{1}{4} x^4$$

この後も同じ規則で、

$$\frac{1}{2} \cdot \frac{1}{3} \cdot \frac{1}{4} \cdot \cdots\cdots \cdot \frac{1}{n} x^n$$

と続きます。

いま、順番に積分した結果を、一列に並べてみましょう。

$$x, \ \frac{1}{2} x^2, \ \frac{1}{2} \cdot \frac{1}{3} x^3, \ \frac{1}{2} \cdot \frac{1}{3} \cdot \frac{1}{4} x^4, \ \frac{1}{2} \cdot \frac{1}{3} \cdot \frac{1}{4} \cdot \frac{1}{5} x^5 \cdots\cdots$$

いちいち分数を書くのが大変なので、次のような「!」という省略表記を使いましょう。

$$\left(\frac{1}{1!}\right)x, \ \left(\frac{1}{2!}\right)x^2, \ \left(\frac{1}{3!}\right)x^3, \ \left(\frac{1}{4!}\right)x^4, \ \left(\frac{1}{5!}\right)x^5 \cdots\cdots$$

> ＊「!」記号は「階乗」といい、自然数を1から2, 3, 4……と順番に掛け合わせた結果を意味します。
>
> $$n! = 1 \times 2 \times 3 \times \cdots \times n$$
> $$例: 5! = 1 \times 2 \times 3 \times 4 \times 5$$

さらに、列の先頭に 1 と 0 付け加えましょう。というのは、x を微分すれば1になり、1を微分すると0になるからです。

$$0, 1, \left(\frac{1}{1!}\right)x, \ \left(\frac{1}{2!}\right)x^2, \ \left(\frac{1}{3!}\right)x^3, \ \left(\frac{1}{4!}\right)x^4, \ \left(\frac{1}{5!}\right)x^5 \cdots\cdots$$

これで完成です。この無限に続く長い列を、積分とは逆に、一斉に微分したら、どうなるでしょうか?

> ＊微分とは、「積分の逆の操作」ということでした(「2-4」参照)。

列のつくり方からすれば、1つずつ前に戻るだけで、列全体の姿は変わりません。

この無限に続く列は、微分しても積分しても変わらないという、特別な性質を持った列なのです。

さらに、この無限に長い列を全部足し合わせてみましょう。

第3章　ディープラーニングで活躍する「非線形回帰分析」の知識

$$0 + 1 + \left(\frac{1}{1!}\right)x + \left(\frac{1}{2!}\right)x^2 + \left(\frac{1}{3!}\right)x^3 + \left(\frac{1}{4!}\right)x^4 + \left(\frac{1}{5!}\right)x^5 + \cdots\cdots$$

不思議なネイピア数「e」

不思議なことに、この足し算の答は無限大にはなりません。
実際に x に 1 を代入して足し算を繰り返すと、こんな数になります。

$$0 + 1 + \left(\frac{1}{1!}\right) + \left(\frac{1}{2!}\right) + \left(\frac{1}{3!}\right) + \left(\frac{1}{4!}\right) + \left(\frac{1}{5!}\right) + \cdots\cdots$$

$$= 2.718281828459\cdots\cdots$$

小数点以下の数字は、一見不規則に、無限に続きます。この数は「ネイピア数」、または「自然対数の底」と名付けられています。

そして、ネイピア数は「e」という特別な記号で表わします。

もとの x を含んだ式はどんなに長くても、とにかく x に何か数を入れれば、答が1つに決まります。

つまり、もとの式は x の関数となっています。

そこで、この無限に長い式に「指数関数」という名前を付けて、$\exp(x)$ という記号で書くことにしましょう。exp は exponential、指数的な、という単語の略表記です。

$$\exp(x) = 1 + \left(\frac{1}{1!}\right)x + \left(\frac{1}{2!}\right)x^2 + \left(\frac{1}{3!}\right)x^3 + \left(\frac{1}{4!}\right)x^4 + \left(\frac{1}{5!}\right)x^5 + \cdots\cdots$$

指数関数 $\exp(x)$ は、びっくりするような長い式ですが、Σ 記号と添え字を使うとコンパクトに表記できます。

$$\exp(x) = \sum_{i=0}^{\infty} \left(\frac{1}{i!}\right) x^i$$

＊ここでは $x^0 = 1$、$0! = 1$ と定義しています。微分の規則からすれば、そのように定義するのが Well-defined だからです。

微分しても形が変わらない「e」

この**指数関数 $\exp(x)$** は「**微分しても形が変わらない**」という、特別な意味があります。

グラフに描くなら、「傾きが、その場の値と等しい曲線」になります。

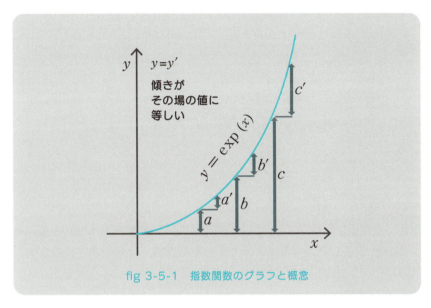

fig 3-5-1　指数関数のグラフと概念

たとえば、翌年に生まれる子供の数は、今いる大人の数におよそ比例しています。

人口の増え方は、そのときの人口に比例します。

この増え方を理想化したものが指数関数なのです。

微分という数式の言葉で表わせば、次のような「微分方程式」にあてはまる関数が $y = \exp(x)$ です。

$$y'(x) = y(x)$$

「$y(x)$ という関数を微分した結果が、もとの $y(x)$ に等しくなっている」

この指数関数のような人口の増え方を想像したとき、仮に、人口が1人（ないしは1単位）だったとき、次の世代は何人に増えるでしょうか（「1人では増えないぞ」などと想像しないでください。あくまでも数字の上だけの話ですから）。

　理屈の上では、次世代は e 人 ＝ 2.71828…人となるはずです。

　この理屈はかなり現実離れしているので、もう少し現実路線に修正しましょう。

　たとえば1個のバクテリアが、1秒間で2個に分裂したとすると、

- 2秒後には、$2 \times 2 = 2^2 = 4$ 個
- 3秒後には、$2 \times 2 \times 2 = 2^3 = =8$ 個
- x 秒後には、$2 \times 2 \times 2 \cdots\cdots \times 2 = 2^x$ 個

バクテリアの数は、

$$y = 2^x$$

という数式に従います。

　この 2^x のことを、「2をベースとする指数関数」と言います。このベースのことを、日本語では「底(てい)」と言います。

　つまり指数関数とは $\exp(x)$ だけでなく、人口増加パターンにあてはまる関数全般のことを指しています。

　$\exp(x)$ は、「e をベースとする指数関数」だったのです。

$$\exp(x) = e^x$$

　2 と e だけに限らず、たとえば $y = 10^x$ であるとか、$y = 0.5^x$ といったものもすべて指数関数の仲間です。

Summary

- $0 + 1 + \left(\dfrac{1}{1!}\right)x + \left(\dfrac{1}{2!}\right)x^2 + \left(\dfrac{1}{3!}\right)x^3 + \left(\dfrac{1}{4!}\right)x^4 + \left(\dfrac{1}{5!}\right)x^5 + \cdots\cdots$

  という無限に長い足し算は、微分しても結果が変わらない。
  この無限に長い足し算は、指数関数 $\exp(x)$ と名付けられている。

- $\exp(1)$ は、2.718281828459……という数になる。
  この数は「ネイピア数」または「自然対数の底」と呼ばれ、e という記号で表わす。

- 微分しても結果が変わらないということは、「増え方がその場の値に等しい」ということである。

- 指数関数とは、「増え方がその場の値に等しい」人口増加パターンにあてはまる関数全般のことを指す。

  $y = 2^x$ ・2をベースとする指数関数
  $y = e^x$ ・eをベースとする指数関数
  $y = 10^x$ ・10をベースとする指数関数

- $\exp(x) = e^x$ である。

3-6 ロジスティック曲線、シグモイド関数

QUESTION

先日のセミナーで聞いた言葉なのですが、ロジスティック曲線、シグモイド関数とは何なのですか。

ANSWER

資源に上限のある人口増加パターンが描く曲線のことを「ロジスティック曲線」、またの名を「シグモイド関数」と言います。同じものです。

ロジスティック曲線とは

人口が、今いる人数にそのまま比例して増えるのではなく、資源（食料など）という上限がある中で増えるとしたら、どうなるでしょうか。

その「上限のある増加」を理想化したカーブが「ロジスティック曲線」です。

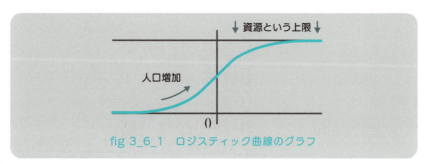

fig 3_6_1　ロジスティック曲線のグラフ

大ざっぱに言えば、アクセルに相当する指数関数と、ブレーキに相当する指数関数を組み合わせてつくった曲線です。

微分という数式の言葉で表わせば、次のような微分方程式に当てはまるのが「ロジスティック曲線」です。

$$y'(x) = y(x) \times (1 - y(x))$$

- 増え方は、その場の値に比例し、かつ、上限までのゆとりの大きさに比例する。
- ここでは上限を 1 とし、$(1 - y(x))$ が上限までのゆとりを表わしている。

微分方程式のイメージを図示すると、次のようになります。

＊図中、増え方が横になって描かれているのは、y と y' についてのグラフだからです。

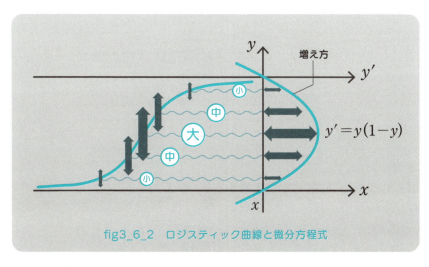

fig3_6_2　ロジスティック曲線と微分方程式

この微分方程式は、後に AI の中で重要な役割を果たすので、記憶にとどめておいてください。

ロジスティック曲線を数式で表わすと、次のようになります。

$$y(x) = \frac{\exp(x)}{\exp(x)+1}$$

この式を解読すると、分子が「人口の増加」を、分母が「人口増加を追いかける資源の制限」と捉えることができます。つまり**分子が「アクセル」で、分母が「ブレーキ」です。**

アクセルに一歩遅れてブレーキを踏むことで、両者の比率はS字カーブを描きます。

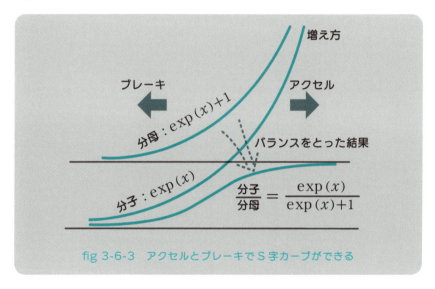

fig 3-6-3　アクセルとブレーキでS字カーブができる

ところで、x を $-x$ に置き換えると、グラフの上では x 軸の左右が反転します。

指数関数 $\exp(x)$ のxを$-x$に入れ替えると、$\exp(-x)$ は以下のようなグラフとなります。

$\exp(x)$ が「増え方がその場の値に等しい」カーブだとすれば、$\exp(-x)$ は「減り方がその場の値に等しい」カーブとなります。

実は、$\exp(-x) = \dfrac{1}{\exp(x)}$ となっています。

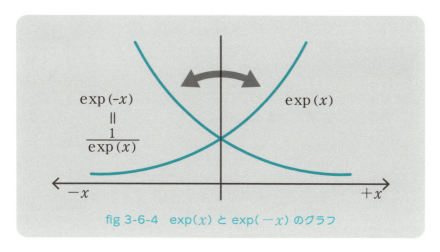

fig 3-6-4　exp(x) と exp($-x$) のグラフ

　e^x は、e という数を x 回掛けることなのだから、その反対である「e^{-x} は、e という数で x 回割るのだ」という理屈です。

　そしてこの理屈は、左右を反転したカーブにぴったり一致するので、Well-defined（自然な拡張）です。

シグモイドとは何か？

　この exp($-x$) を用いて、ロジスティック曲線は次のように表わすこともできます。

$$y(x) = \frac{1}{1+\exp(-x)}$$

　さて、このロジスティック曲線ですが、AIの文脈では「シグモイド」と呼ぶことがほとんどです。もともとS字カーブ全般のことを「シグモイド曲線」と呼んでいました。

　シグモイドとは、ギリシア文字のシグマっぽい、つまりS字っぽい、という意味です。

　ロジスティック曲線は、シグモイド曲線の中の1つで、「標準シグモイド」という呼び方をすることもあります。

Summary

- ロジスティック曲線とは、次のような「資源に上限のある人口増加パターン」にあてはまる曲線のこと。

$$y'(x) = y(x) \times (1 - y(x))$$

- このパターンに当てはまる関数を数式で記述すると、次のようになる。

$$y(x) = \frac{1}{1+\exp(-x)}$$

- AIの文脈では「シグモイド」と呼んでいる。

3-7 ロジスティック回帰は非線形

QUESTION

結果がYes , Noで示されるようなデータを回帰分析したいのですが、どうすればいいですか？

ANSWER

ロジスティック曲線をあてはめる「ロジスティック回帰」を行なえばいいでしょう。

　たとえば、勉強時間と合格/不合格の結果データには、残念ながら、直線による線形回帰がうまく当てはまりません。

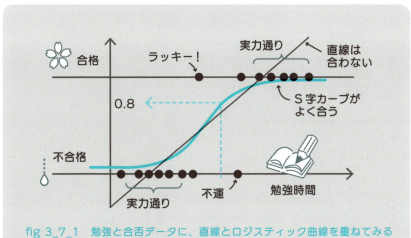

fig 3_7_1　勉強と合否データに、直線とロジスティック曲線を重ねてみる

このように「1」（合格）、または「0」（不合格）で結果が示されるデータに、うまく当てはまるのがロジスティック曲線です。

データから確率を導き出す「ロジスティック回帰」

ロジスティック曲線をデータに当てはめたとき、たとえば $y = 0.8$ という数字は何を意味するのでしょうか。それは「合格率80%」といった確率だと解釈できます。

つまりロジスティック回帰とは、データから確率を導き出す分析方法の1つです。

「3－1」「3－2」で行なった線形回帰を、ロジスティック回帰に応用することは簡単です。

線形ニューロンの**活性化関数を、シグモイド関数に差し替えるだけ**です。

$$y = S(u)$$

・ニューロンの出力 y は、u の値をシグモイド関数にかけた結果

$$u = \Sigma\, w_i x_i + B$$

・u とは、それぞれの入力データ x_i と重み w_i の積の合計に、バイアス B を加えた値である。

$$S(u) = \frac{1}{1+\exp(-u)} \qquad \text{・シグモイド関数}$$

シグモイドニューロンの出力は、重み w とバイアス B によって、どのように変化するのでしょうか。

シグモイドにおいて、重み w は人口の増え方に相当します。w が増えると、S字カーブの立ち上がりが急激になります。

バイアス B（閾値）は、人口増加が立ち上がるタイミングに相当します。

バイアス B が大きければ大きいほど、早いタイミングで立ち上がるので、グラフは左側に移動します。

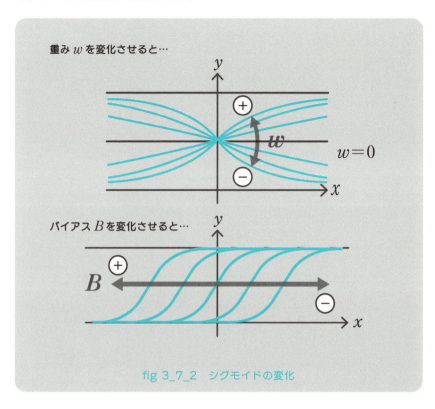

fig 3_7_2　シグモイドの変化

＊一般に、関数 $f(x)$ を $f(x+B)$ に置き換えると、グラフは左側（マイナスの側）に B だけ移動します。プラスとマイナスを取り違えやすいのですが、「B だけのゲタをはかせて同じ値になるのだから、もとの関数の値は小さかったのだ」と覚えれば間違いないでしょう。

ロジスティック回帰のプログラム

　ロジスティック回帰とは、この増え方 w とタイミング B を調整することで、データに最も良くあてはまる S 字曲線（または S 字曲面）を見出す操作のことです。

ロジスティック回帰分析を行なうプログラムは、線形回帰とほとんど変わりません。実質的な違いは、プログラム中で色の付いた、シグモイドニューロンの実行という箇所だけです。

```python
import numpy as np

N_INPUT = 2      # 入力データは2次元
N_DATA = 100       # データ件数は100件

from sklearn.datasets import make_blobs
train_x, train_y = make_blobs(        # 人工的なテストデータを用意する
        n_samples = N_DATA,
        n_features = N_INPUT,
        cluster_std = 3.0,      # データの塊の標準偏差
        centers = 2 )      # データの塊の数

W = np.random.rand(N_INPUT) - 0.5      # 重みを乱数で初期化
B = np.random.rand() - 0.5      # バイアスを乱数で初期化

LEARNING_RATE = 0.01      # 学習係数・ここをうまく調整する

for trial in range(1000):      # 訓練回数

    rnd = np.random.randint(0, N_DATA)
                        # ランダムに1個データを取り出す
    x = train_x[rnd]
    y = train_y[rnd]

    u = np.sum( x * W ) + B
```

```
result = 1 / (1 + np.exp(-u) )      # シグモイドニューロンの実行

error = result - y      # 誤差

W -= ( LEARNING_RATE * error * x )      # 重みの更新
B -= ( LEARNING_RATE * error )      # バイアスの更新

# 学習の結果、得られた重みとバイアスの適正値
print( "y = {} x + {}".format(W, B) )
```

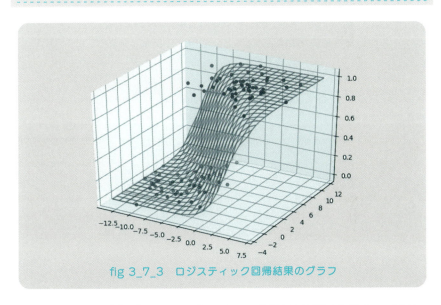

fig 3_7_3　ロジスティック回帰結果のグラフ

＊注意深い読者は「ニューロンが変わったのに、学習方法を変えなくても良いのか?」という疑問を持たれたかもしれません。その疑問はもっともで、本来であれば「誤差をどのように測るべきか」という議論が必要です。詳しくは後ほど「7－3」で取り上げますが、結果的には上のように、線形の場合と同じ学習方法を用いて問題ありません。

　さて、ロジスティック曲線には「重ね合わせ」が成り立たないので、これは非線形です(「3－4」参照)。
　非線形だということは、シグモイドニューロンは、重ね合わせてパワーアップできる可能性を秘めています。

つまり、**ニューラルネットワークによって、線形分離不能であったXORなどの問題を解決できる**かもしれません！

＊ロジスティック回帰は非線形回帰に分類されますが、うまい変換を施すなどして、方程式によって解く手段が知られています。Python言語であれば、ライブラリscikit-learn に付属のLogisticRegression（線形回帰モデル）によって直接解くことができます。

Summary

- 線形ニューロンの活性化関数を、シグモイド関数に差し替えることで、ロジスティック回帰が実現できる。
- シグモイドニューロンは非線形なので、重ね合わせてパワーアップできる可能性を秘めている。

第4章 バックプロパゲーションの「数式ルール」を理解する

4-1 ニューラルネットワークの普遍性定理

QUESTION

非線形なシグモイドニューロンを重ね合わせてパワーアップできるかもしれない、ということはわかりました。でも、僕が本当に知りたいのは「かもしれない」というものではなくて、「できるかどうか」のほうです。
ニューラルネットワークには、何ができるのですか？

ANSWER

ニューラルネットワークですか？　ニューラルネットワークは、どんな連続関数であっても、近似することができますよ。

『非線形なS字型の活性化関数を持つ2層のニューラルネットワークは、隠れ層のニューロンの数を十分に増やせば、どんな連続関数でも近似することができる』

　これは、「ニューラルネットワークの普遍性定理」と呼ばれる、れっきとした数学の定理です。この定理によれば、次の図のようなニューラルネットワークで、「何でもできる」のです！

　注意すべきは「近似することができる」だけであって、「効率良く学習できる」わけではないことです。そこまで「できる」とは言っていません。

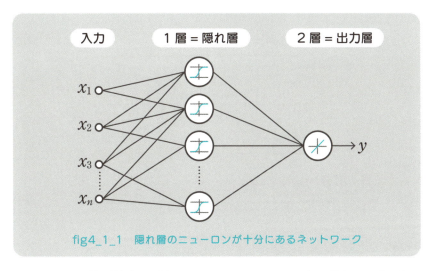

fig4_1_1　隠れ層のニューロンが十分にあるネットワーク

　ですから、普遍性定理があるからといって、即、実用的なAIができることにはなりません。だとしても、「何でもできる」という能力についてはお墨付きが与えられているわけで、それがAIを支持する数学的な拠り所なのです。

「普遍性定理」を直観的に理解してみよう！

　普遍性定理を直観的に理解するのは、むずかしくありません。

　1個のシグモイドニューロンは、1本のS字カーブを描きます。
　ニューロンの重みとバイアスを調整することで、S字カーブが立ち上がる傾きと、横方向の位置を自由に調整することができます（「3－7」参照）。

　重みwをマイナスにすることによって、反対向きのS字カーブをつくることもできます。
　このようなS字カーブを大小たくさん集めて、足し合わせたものがニューラルネットワークの出力です。

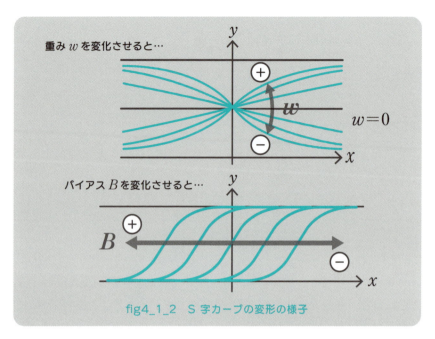

fig4_1_2　S字カーブの変形の様子

　ここで「大小たくさん」と言ったのは、2層目である出力層のニューロンを調整することで、個々のS字カーブの大きさを変えることができるからです。たとえば、

（1個目のS字カーブ×20%）＋（2個目のS字カーブ×80%）

といった、任意のブレンドが可能です。

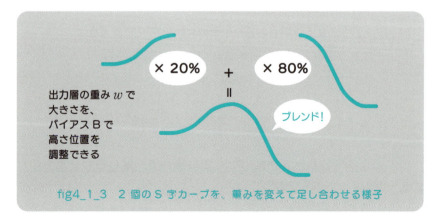

fig4_1_3　2個のS字カーブを、重みを変えて足し合わせる様子

S字カーブの組合せであらゆる図形を描く

このように**「変形可能なS字カーブ」というパーツを、いくつでも組み合わせてよい**、というのですから、どんな形の関数カーブでも描けることは、すぐにわかるでしょう。

「S字カーブをつくるパーツの組合せ」とは、S字カーブをお互いに足したり引いたりできる、という意味です。

たとえば、次のような山形の関数があったとします。

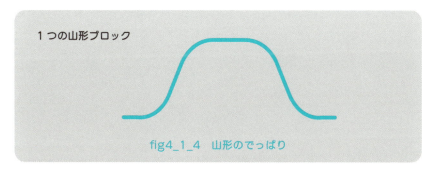

fig4_1_4　山形のでっぱり

この関数は、2つのS字カーブによって構成することができます。

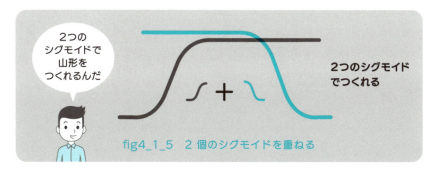

fig4_1_5　2個のシグモイドを重ねる

XORの学習ができる

実はこれで、積年の課題であったXORの学習が可能となります。

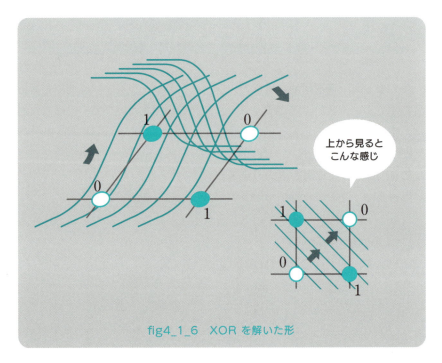

fig4_1_6　XORを解いた形

　つまりXORは、中間層に2個のシグモイドニューロンを配置したネットワークによって学習することができます。

　さらに、まったくの気まぐれで描いた、適当な連続関数があったとしましょう。たとえば、こんな曲線です。

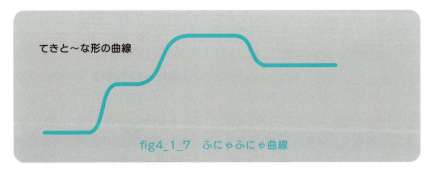

fig4_1_7　ふにゃふにゃ曲線

　この曲線を、S字カーブの組合せで描けというのですから、こんなふうにカバーすれば良いわけです。

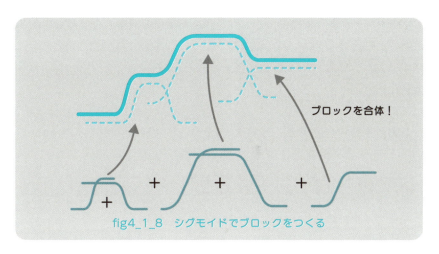

fig4_1_8　シグモイドでブロックをつくる

同様の考え方は、1次元だけではなく、2次元になっても通用します。

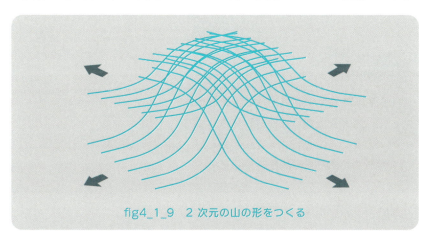

fig4_1_9　2次元の山の形をつくる

ニューラルネットワークの学習とは、このようにS字カーブの配置の仕方を、データに合わせて調整することだったのです。

ニューロンが持つべき性質は「適当なS字カーブ」

以上の関数近似でニューロンが持つべき性質は、「適当なS字カーブであること」だけです。

すなわち、活性化関数を σ (t)（シグマ・ティーと読む）とすると、σ (t) に課される必要条件は、次の通りです。

$$\sigma(t) \to \begin{cases} 1 & \text{as } t \to +\infty \\ 0 & \text{as } t \to -\infty \end{cases}$$

　なお、上の式の意味は、

　　　「＋∞で、関数 σ (t) の値は 1 に収束する」

　　　「－∞で、関数 σ (t) の値は 0 に収束する」

という意味です。グラフを描いたとき、右の方は 1 に近づき、左の方は 0 に近づく形になる、ということです。

　活性化関数は、必ずしも厳密なロジスティック曲線である必要は無く、わりと自由に設定してもかまいません。このことから、目的に合わせてさまざまな活性化関数をデザインするという、設計上の自由度が生まれます。

Summary

- S字型の活性化関数を持つ2層のニューラルネットワークによって、どんな関数でも近似できる。
- ニューラルネットワークの学習とは、S字カーブの配置の仕方を、データに合わせて調整すること。

4-2 学習の核心 〜バックプロパゲーション

QUESTION

重ね合わせたニューラルネットワークは、どうやって学習するのでしょうか？

ANSWER

誤差を出力から入力方面に向かって遡って伝搬する方法、つまり、「バックプロパゲーション」（逆誤差伝播法）という方法で学習できます。

ニューラルネットワークの階層構造は、人間組織の階層構造に似ています。たとえば、社長、部長、平社員という階層構造から成る会社を想像してみてください。この会社でのデータの流れは、まず現場の平社員から社長に向かって報告が上がります。

この下から上への流れを「順方向伝播」（フィードフォワード）と呼ぶことにしましょう。

次に、報告を受けた社長は、会社としての意思決定を下し、現場に伝えます。この上から下への流れを「逆方向伝播」（フィードバック）と呼ぶことにしましょう。

❶順方向伝播：入力から出力に向かって、データが順次、上がる。
❷意思決定　：上がってきたデータと、目標規範（教師データ）との差

分を「誤差」として把握する。そして、誤差を小さくする方向に意思決定を下す。

❸逆方向伝播：意思決定に従って、「社長 → 部長 → 平社員」が順次行動を修正する。

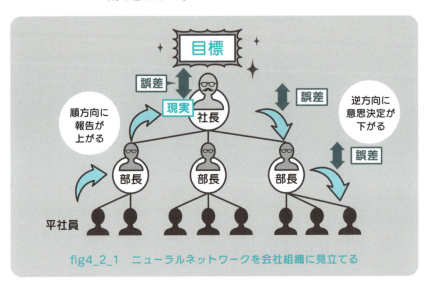

fig4_2_1　ニューラルネットワークを会社組織に見立てる

　順方向と逆方向を比べたとき、データの中身に1つ大きな違いがあります。それは、順方向では「データの値そのもの」が伝わっていくのに対し、**逆方向では「現状をどのように修正すべきか（目標との差分）」が伝わる**のです。「目標との差分」とは、すなわち誤差のことです。

誤差の配分ルール❶ デルタルール

　とある会社で、今月の売上目標が100万円足りなかったとしましょう。このとき、マイナス100万円が「教師データとの差分」、つまり誤差となります。

　この100万円の誤差を、上司は配下に、どのように配分すべきでしょうか。基本となるルールは1つしかありません。

・誤差の基本配分ルール：売上に与える影響の大きさに従って配分する。

　この基本配分ルールは、これまでにも何度か登場してきた「デルタルール」の応用です（「3－1」参照）。

　単純な線形ニューロンの場合、影響の大きさとは、各入力ごとに割り振られた重みに相当します。

　会社であれば、とある部署の売上目標は、配下それぞれの課に与えられた役割の重みに従って配分されるでしょう。

　同じように、**とあるニューロンがもつ誤差は、そのニューロンに対する入力の重みに従って、1つ下の層に配分される**のです。

　線形ニューロンの入力は（データ x_i）×（重み w_i）の合計です。

線形ニューロンモデル抜粋（「3－1」）

$$u = \Sigma w_i x_i + B$$

・u とは、それぞれの入力データ x_i と重み w_i の積の合計に、バイアス B を加えた値である。

　これを絵にするなら、（データ）×（重み）の長方形を、入力の数だけ並べた面積として表わせます。

　この面積の合計を全体で100だけ増やしたかったとき、それぞれの長方形に、どれだけずつ割り当てるべきでしょうか？

　きっと、重みに比例して配分することでしょう。

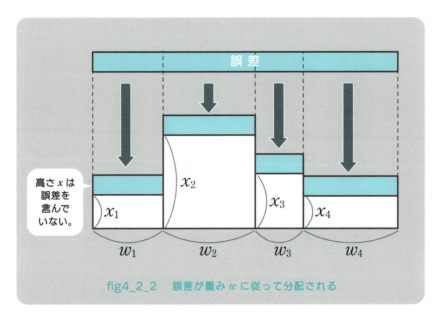

fig4_2_2　誤差が重み w に従って分配される

　もし1つの部署内に、責任の80%を担当している第1課と、20%を担当している第2課があったなら、100万円の売上目標を80：20に配分するでしょう。

　ニューラルネットの逆方向伝播という方法も、考え方はこれと同じです。

> **バックプロパゲーションの配分ルール（1）**
> 1つ下の層には、入力の重み w_i に比例した誤差を配分する。

＊この配分では、必ずしも全部を足して100%にする必要はありません。たとえば160%と40%に配分してもルールを満たします。プログラムの上では、配分された誤差の大きさに学習係数 η を掛けることで、学習の進み方を調整しています。

誤差の配分ルール❷ 活性化関数の微分

　これ以外にも、もう1つ、配分ルールがあります。
　先ほどは、まず単純な線形ニューロンについて考えましたが、シグモイ

ドニューロンのように活性化関数があった場合、その効果を考慮に入れる必要があります。

活性化関数が与える影響の大きさとは、「活性化関数の微分」のことです。

> **バックプロパゲーションの配分ルール（2）**
> 1つ下の層に誤差を配分するとき、活性化関数の微分を掛け合わせる。

<u>活性化関数の微分とは、何のことでしょうか</u>。それをシグモイドニューロンで考えてみましょう。

シグモイドニューロンに用いられるロジスティック曲線とは、上限のある人口増加パターンということでした。（「3－5」参照）

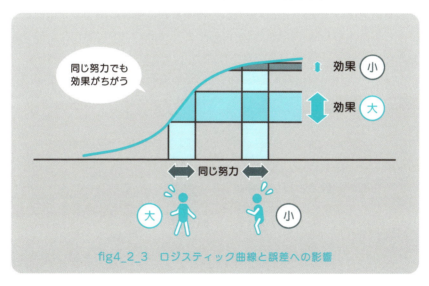

fig4_2_3　ロジスティック曲線と誤差への影響

ロジスティック曲線を見ると、**S字カーブの中央付近が最も変化が激しいので、誤差に対する影響も大きくなっている**ことがわかります。

それ以外のS字カーブの両端、立ち上がる前と、立ち上がった後の領域は平らなので、誤差に対する影響が小さくなっています。

この、S字カーブの特性による影響の大小を配分ルールに組み入れたいのですが、それにはうまい方法があります。

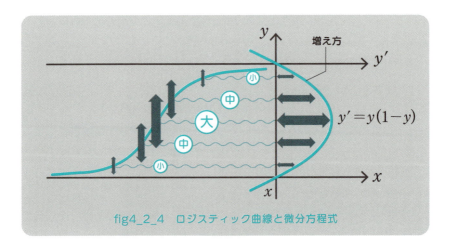

fig4_2_4 ロジスティック曲線と微分方程式

ロジスティック曲線における人口の増え方は、まだ人口が少ないときには小さく、人口が限界に近いときにも小さく、その中間にあったときが最も大きくなっています。

つまり、人口の変化の大きさは、人口そのものによって示すことができます。

(変化の大きさ) = (人口) × (上限までのゆとりの大きさ)

これを数学記号で表わしたのが、以下の微分方程式ということでした。

$$y'(x) = y(x) \times (1 - y(x))$$

・増え方は、その場の値に比例し、かつ、上限までのゆとりの大きさに比例する。

活性化関数の微分とは、この$y'(x)$のことなのです。
誤差に対する影響の大きさは、上の微分方程式の通り、

影響の大きさ
　＝シグモイドニューロンの出力 × (1 − シグモイドニューロンの出力)

として計算できます。

> ### バックプロパゲーションの配分ルール（2）：シグモイドニューロン版
> シグモイドニューロンの出力を y とすると、
> $$y \times (1 - y)$$
> を、上から逆伝播されてきた誤差に掛け合わせる。

＊このように、ロジスティック曲線の微分が簡単に計算できたことは、偶然ではありません。むしろ話は逆で、そもそも $y = y \times (1 - y)$ という関係を満たすように描いたのがロジスティック曲線だったのです。つまりロジスティック曲線は、初めからこのバックプロパゲーションに組み込まれることを意図してデザインされていたのです。

活性化関数は、各部門の「活性化の度合い」に例えられます。

　たとえば、社長の下に、企画部、製造部、サポート部という3つの部門があったとしましょう。これらのうち、どの部門が活性化するかは、製品のステージによって変わります。

　まだ製品ができ上がってないときには企画部が、そして売れ行き好調で量産体制に入ったら製造部が、さらに製品が行き渡った後にはサポート部が……と、製品のステージによってそれぞれの部門が最も活動することになるでしょう。

　この例えでいうと、製品の普及率を入力データとして、部門の活性化の度合いを決めるのが活性化関数です。

　社長から見れば、そのときのステージで最も活性化している部門に、より多くのノルマを割り当てることでしょう。

　これこそ、ニューラルネットの逆方向伝播に、活性化関数の微分を掛け合わせる理由です。

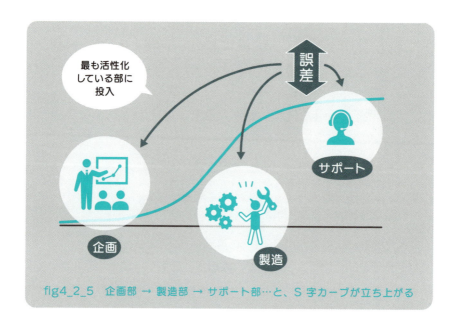

fig4_2_5　企画部 → 製造部 → サポート部…と、S字カーブが立ち上がる

　以上の配分ルール（1）と（2）、「重み」と「活性化関数の微分」が、誤差の配分ルールのすべてとなります。

$$（下に伝える誤差）＝（上から伝わってきた誤差）×（1）×（2）$$

ニューロンの更新ルール

　次に、誤差が伝わってきたニューロンの中で、自身の値を更新する方法を考えてみましょう。
　ニューロンの学習方法は、「3－1」で見たデルタルールと、何ら変わることはありません。

　会社組織では、上からの命令を下に伝えるだけが各部署の役割ではありません。部署の内部では、変更や改善が行なわれます。

部署内部の改善は、ニューロンでは重み w とバイアス B（閾値）の更新に相当します。

では、重みとバイアスの更新ルールはどうなっているのでしょうか。いま一度、（データ）×（重み）の長方形を見てみましょう。

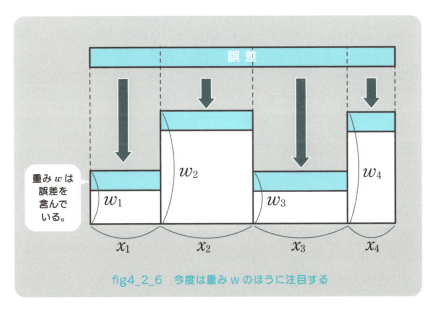

fig4_2_6　今度は重み w のほうに注目する

上から与えられた目標に対する「誤差」を、それぞれの長方形に、どのように配分すべきか。

考え方は先ほどの逆方向伝播と同じですが、今度はデータ x ではなく、重み w の方に着目します。

> **バックプロパゲーションの重み更新ルール（デルタルール）**
> 重み w_i は、入力データ x_i に比例する大きさで、誤差を打ち消すように更新する。
> バイアス B は、入力データが1に固定されていると見なして、重みと同じように更新する。

1つの部署内（つまり1つのニューロンの中）にいくつかの重みがあっ

たとき、それぞれの重みが担当しているデータの大きさに比例して、誤差を配分しよう、というのがこのルールです。

複数組織の合算

　会社組織の場合、上に置かれる部署は1つしか無いのが通例ですが、ニューラルネットでは、1つ上の階層にある全部のニューロンにつながっているのが通例です。

　ある1つのニューロンから見たとき、誤差は1つ上の階層にある全部のニューロンから伝わってきます。
　そうした複数の誤差を、どうすればよいのか？

　答は単純に、すべての誤差を足し合わせるだけです。
　上層から伝わってきた誤差の合計を $\sum_j (\Delta y_j)$ と書き表わすと、デルタルールは次ページの式で表わされます。

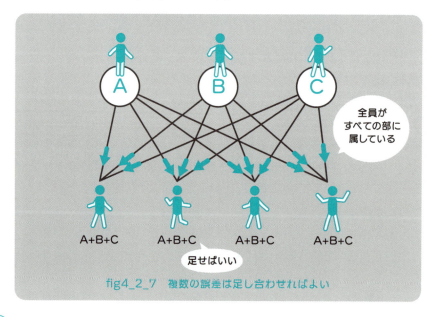

fig4_2_7　複数の誤差は足し合わせればよい

（更新後の重み）＝（更新前の重み）−（学習係数）× Σ｛（上層から伝わってきた誤差）｝×（2）×（1）

$$w_i \leftarrow w_i - \eta \sum_j (\Delta y_j) \times y \times (1 - y) \times x_i$$

* $j = 1, 2, 3 \cdots\cdots$ は、上層へのつながりに割り振った番号 ＝ 出力の数。
* $i = 1, 2, 3 \cdots\cdots$ は、ニューロンの中にある複数の重みに割り振った番号 ＝ 入力の数。
* Δy は、上から伝わってきた誤差。出力層では教師データと予測データの差分 (teach - output)。
* $y \times (1 - y)$ は、シグモイド関数の微分。
* 出力 y の値は 1 つだけだが、誤差 Δy は出力の数だけある。
  （上層に上げる報告はすべて同じ内容だが、上層からは部ごとに異なる誤差が下りてくる）

Summary

- バックプロパゲーション（逆誤差伝播法）
- 配分ルール(1)と(2)で、下の階層に誤差を伝播する。
    (1) 重みに比例して伝搬
    (2) 活性化関数の微分に比例して伝搬

- 各ニューロンは、各入力データの大きさに比例して、自身の内部を更新する。
  （重み更新ルール）データの大きさに比例して重みを更新する。
  （バイアス更新ルール）便宜的に、バイアスのデータを 1 に固定して更新する。

4-3 2層ネットワークのプログラム

QUESTION

バックプロパゲーションの具体例を教えてください。

ANSWER

2層のニューラルネットワークによる XORの学習を行なうプログラムは、以下の通りです。

では、具体的にプログラムで示してみましょう。ただし、次ページ以下で示したプログラムは、「わかりやすさ優先」のために、やや冗長です。

この後（5章）、**行列の使い方を学べば、もっとスマートにプログラムを記述することができる**でしょう。プログラムでわかりにくい箇所はコメント文（#）で補いながら読んでみてください。

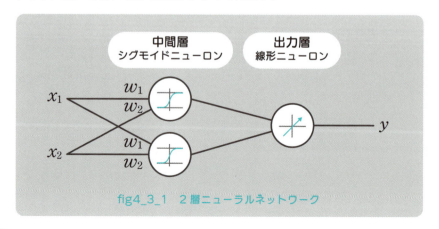

fig4_3_1　2層ニューラルネットワーク

```python
import numpy as np

# 1個のニューロンを表わすクラス
class Neuron:
    # input_size : ニューロンの入力数
    # kind : ニューロンの種類を指定する、0=線形ニューロン，0以外=シグ
    #   モイドニューロン
    def __init__(self, input_size=2, kind=0):
        # 重み W を -1 ～ 1 の乱数で初期化する
        self.W = np.random.rand(input_size) * 2 - 1
        # 閾値 B を -1 ～ 1 の乱数で初期化する
        self.B = np.random.rand() * 2 - 1
        if kind == 0:      # kindに応じて活性化関数をセットする
            self.activate = self.ident      # 恒等関数をセット
        else:
            self.activate = self.sigm      # シグモイド関数をセット

    def ident(self, x):      # 恒等関数
        return x      # 入力値をそのまま返す

    def sigm(self, x):      # シグモイド関数
        return  1 / (1 + np.exp( -x ))

    def d_sigm(self, y):      # シグモイド関数の微分
        return y * (1 - y)

    def forward(self, x):      # 順方向の計算
        u = np.sum(x * self.W) + self.B
                        # 複数のデータxと重みWの掛け算を一気に行なう
        y = self.activate(u)      # 活性化関数を施す
```

```python
        return y

LEARNING_RATE = 0.01
                                    # 学習係数 -- ここをうまく調整する


mid_layer = [ Neuron(input_size=2, kind=1) for _ in range(2) ]
                                    # シグモイドニューロンを２個並べた中間層
out_layer = [ Neuron(input_size=2, kind=0) ]
                                    # 線形ニューロン１個の出力層


mid_outputs = np.zeros(2)       # 中間層の出力を保持しておく
tmp_weights = np.zeros(2)
                                    # 一時的に出力層ニューロンの重みを保持しておく


for trial in range( 200000 ):       # 繰り返しトレーニングする
                                        # 訓練データを用意
    x = np.random.randint(0, 1+1, 2)      # 0,1の乱数を２個生成する
    y = x[0] ^ x[1]         # XORをとって教師データをつくる


    # 順方向伝播 -- 中間層
    for i, mid_neuro in enumerate( mid_layer ):
        mid_outputs[i] = mid_neuro.forward( x )


    # 順方向伝播 -- 出力層
    out_neuro = out_layer[0]
    result = out_neuro.forward( mid_outputs )
                                    # ニューラルネットの出力結果


    error = result - y       # 誤差 = 教師データと結果の差分


    if trial % 100 == 0:       # 100回に１回、結果を表示する
```

```
        print( "x={}, y={}, result={}, error={}".format( x, y, result,
error ) )


    # 逆方向伝播 -- 出力層
    tmp_weights = out_neuro.W
    # 次の中間層の計算のため、更新前の値を保持しておく
    out_neuro.W -= ( LEARNING_RATE * error * mid_outputs )
                                        # 出力層ニューロンの重みを更新

    out_neuro.B -= ( LEARNING_RATE * error )
                                        # 出力層ニューロンの閾値を更新


    # 逆方向伝播 -- 中間層
    for i, mid_neuro in enumerate( mid_layer ):
        back_delta = mid_neuro.d_sigm( mid_outputs[i] ) * error *
tmp_weights[i]
        mid_neuro.W -= ( LEARNING_RATE * back_delta * x )
                                        # 中間層ニューロンの重みを更新

        mid_neuro.B -= ( LEARNING_RATE * back_delta )
                                        # 中間層ニューロンの閾値を更新
```

　いかがでしたか？　多少、冗長でしたか？　行列、ベクトルというのは、こういうときにもっとスマートにプログラムを書くために必要な知識、あるいはツールなのです。

　次章では、行列、ベクトルを役立てる方法を見ておきましょう。

第5章 スマートなプログラムを書くための行列、ベクトル

5-1 行列の掛け算

QUESTION

行列の話の前に聞いておきたいのですが、「行列の掛け算」って何なのですか。ずいぶん複雑な計算ルールだったように記憶しているのですが……。

ANSWER

行列の掛け算のルールはたしかに複雑ですが、それはニューラルネットの
（複数個の入力）×（複数個の重み）
をまとめてコンパクトに記述したものなのです。

ニューロンで数式を描いてみると

まず、ふつうの掛け算からスタートしましょう。
1個の掛け算を、こんな図に表わしたとします。

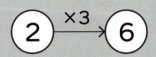

fig5_1_1　掛け算の仕組み

この図は、「1個のニューロンに入る1本の入力」と見ることができるでしょう。

では次に、「入力が3本あるニューロン」だったら、どのような数式になるでしょうか。

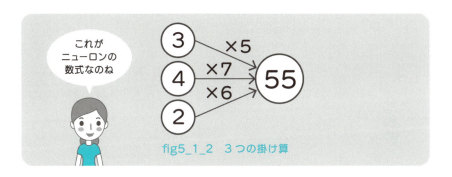

fig5_1_2　3つの掛け算

その場合は、上図のように、「(3×5) + (4×7) + (2×6)」となります。添え字（小さい字）を使って記号で書くと、下のようになります。

$$\sum_{i=1}^{3} w_i x_i \qquad \cdots\cdots (1)$$

この書き方を、さらに「ベクトル」を使って簡略化しましょう。なお、「ベクトル」とは、複数個の数字の組のことでしたね（「2－1」参照）。

いちいち x_1, x_2, x_3 と書くのはめんどうなので、全部まとめて大文字の X で表わすことにしましょう。

$$X = \begin{pmatrix} x_1 \\ x_2 \\ x_3 \end{pmatrix}$$ ・ここは「縦ベクトル」の形で書いてあります。

＊ベクトルの書き方には他にもいくつかあります。文字の上に矢印（→）を描く「$\vec{x}$」のような方法、太文字のイタリック表記を用いる「$\boldsymbol{x}$」のような方法などです。
本書ではシンプルに、「X」のような大文字（イタリック体）だったらベクトルを表わすことにします。

「転置ベクトル」で縦・横を入れ替える

重みについても1つの「ベクトル」としてまとめて、大文字のWで表わすことにしましょう。すなわち、次のようにです。

$$W^T = (\, w_1, w_2, w_3 \,)$$ ・ここは「横ベクトル」で書いてあります。

いま、Wの上に付けた小さな「T」については、後ほど説明します。

とにかくこのようにまとめると、先ほどの掛け算（1）は、次のように簡単に書けます。

$$W^T \cdot X \quad \cdots\cdots \text{（2）}$$

この**ベクトル同士の掛け算のことを**「内積」と言います。

ベクトルの内積

$$(\, w_1, w_2, w_3 \,) \begin{pmatrix} x_1 \\ x_2 \\ x_3 \end{pmatrix} = w_1 \times x_1 + w_2 \times x_2 + w_3 \times x_3$$

$$= \sum_{i=1}^{3} w_i x_i$$

$$= W^T \cdot X$$

内積とは、ただ要素同士の積ではなく、最後に積を合計するところに注意してください。

さて、Wに付けた T の意味についてですが、T は「転置」といって、**縦と横を入れ替える操作の記号**です。

ベクトルは、何も指定しなければ縦に数字を並べ、T（転置）を付けると横に並べる、というお約束になっています。

＊Tは、英語の Transpose の頭文字Tであって、「転置(Tenchi)」のローマ字の頭文字T ではありません。

ベクトルの掛け算は順序に「意味」がある！

なぜ、Xは縦ベクトルで、W^Tは横ベクトルにしたのか。ベクトル表記では、縦と横に特別な意味を持たせているのです。

<u>縦ベクトルは「対象」を、横ベクトルは「作用」を表わしている</u>のです。
「モノ」と「コト」、あるいは「目的語」と「動詞」と言い換えてもよいでしょう。

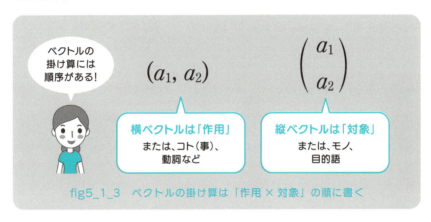

fig5_1_3　ベクトルの掛け算は「作用 × 対象」の順に書く

ニューラルネットでは、操作される対象データXに、重みW^Tが作用した結果が出力されます。

この、対象と作用を表わすのに、最も手っ取り早い書き方が「縦」と「横」だったのです。

<u>ただの掛け算に順序は関係ありませんが、ベクトルの掛け算の「順序には意味がある」</u>のです。

「作用×対象」、「動詞×目的語」の順に書くルールとなっています。

日本の小学校で教えることになっている（悪名高い）掛け算の順序は、

「かけられる数」×「かける数」となっていました。

しかしベクトルの掛け算は日本語順ではなく英語順となっており、小学校で教わる順序の逆です。

ベクトルでは「かける数」×「かけられる数」が世界標準だったのです！

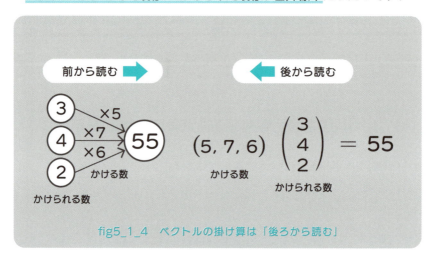

fig5_1_4　ベクトルの掛け算は「後ろから読む」

作用を複数個並べたものを「行列」という

このように、ベクトルを縦横に書いた理由は、次の状況をまとめて表記したかったからです。

$$\begin{pmatrix} w_{11}, w_{12}, w_{13} \\ w_{21}, w_{22}, w_{23} \end{pmatrix} \begin{pmatrix} x_1 \\ x_2 \\ x_3 \end{pmatrix} = \begin{pmatrix} w_{11} \times x_1 + w_{12} \times x_2 + w_{13} \times x_3 \\ w_{21} \times x_1 + w_{22} \times x_2 + w_{23} \times x_3 \end{pmatrix}$$

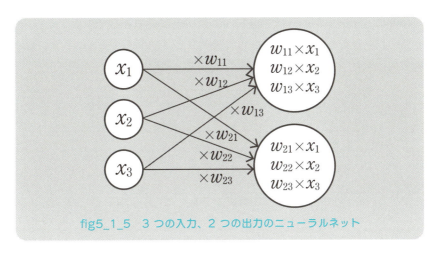

fig5_1_5　3つの入力、2つの出力のニューラルネット

ニューロンが2個あったなら、「重みの作用」が2つあることになります。このため、横ベクトルを縦に2つ並べて表記します。

このように、作用を複数個、縦に並べた表記を「**行列**」と言います。
行列は、「横が行」で、「縦が列」という約束になっています。
この約束に従って、**「横ベクトル」のことを「行ベクトル」、そして「縦ベクトル」のことを「列ベクトル」**とも言います。
これについても日本語の縦書き行ではなく、英語の横書き行が基準です。

fig5_1_6　行、列の覚え方

次に、1個のニューロンに対して、複数組のデータを学習させることを想定しましょう。

今度は、データという「対象」が、ニューロンに対して次々に「作用」するのだと見なせます。このため、データという「縦ベクトル」を、横に複数個並べた行列として表記できます。

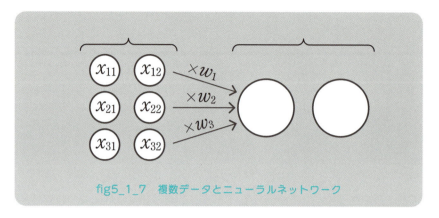
fig5_1_7　複数データとニューラルネットワーク

$$(w_{11}, w_{12}, w_{13}) \begin{pmatrix} x_{11}, x_{12} \\ x_{21}, x_{22} \\ x_{31}, x_{32} \end{pmatrix}$$

$= (w_{11} \times x_{11} + w_{12} \times x_{21} + w_{13} \times x_{31}, w_{12} \times x_{12} + w_{12} \times x_{22} + w_{13} \times x_{32})$

最後に、2つの合わせ技をやってみましょう。
複数個のニューロンに、複数組のデータを学習させる場合です。

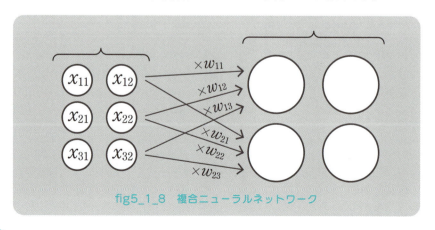
fig5_1_8　複合ニューラルネットワーク

$$\begin{pmatrix} w_{11}, & w_{12}, & w_{13} \\ w_{21}, & w_{22}, & w_{23} \end{pmatrix} \begin{pmatrix} x_{11}, & x_{12} \\ x_{21}, & x_{22} \\ x_{31}, & x_{32} \end{pmatrix}$$

$$= \begin{pmatrix} w_{11} \times x_{11} + w_{12} \times x_{21} + w_{13} \times x_{31}, & w_{11} \times x_{12} + w_{12} \times x_{22} + w_{13} \times x_{32} \\ w_{21} \times x_{11} + w_{22} \times x_{21} + w_{23} \times x_{31}, & w_{11} \times x_{12} + w_{12} \times x_{22} + w_{13} \times x_{32} \end{pmatrix}$$

これが「行列の掛け算」の規則です。

よく考えてみると、複数のモノに、複数のコトを働きかける状況は、これ以上シンプルには記述できないでしょう。

縦が対象で、横が作用、英語の順序で「動詞×目的語」です。

さらに、ベクトルをまとめて1文字で表わしたように、行列もまとめて1文字で表記することができます。

行列を大文字のA、出力データを大文字のYとすれば、行列の掛け算はここまで簡略表記できます。

$$AX = Y$$

以上の**ベクトルと行列による表記法は、そのままプログラムの表記法**となっています。

それゆえ、プログラム作成にはどうしても世界標準の表記法を覚えておく必要があり、この表記法さえ身につけておけば、プログラムの記述が劇的に簡素化されます（具体的には、後の章の「7－2」P217の「u = x @ self.W.T + self.B」と「 self.d_W = delta.T @ self.input / batch_sizc」の2行が「簡素化」に該当する）。

たった2箇所ですが、この2箇所が最も重要なところです。もし行列無しに1個1個、掛け算で記述したならば、大変な回数の繰り返しになります（バッチサイズ数×ベクトルデータの要素数×ニューロンの数×

1層の有するニューロン数×ニューロン1個当たりの重みの数)。

```
# Python numpy での行列の掛け算
>>> import numpy as np
>>> A = np.array( [ [1, 2, 3], [4, 5, 6] ] )

[[1 2 3]
 [4 5 6]]

>>> A.T      # T は転置を表わす。行列の縦と横が入れ替わる。

[[1 4]
 [2 5]
 [3 6]]

>>> X = np.array( [ [10, 20], [30, 40], [50, 60] ] )

[[10 20]
 [30 40]
 [50 60]]

>>> Y = A.dot(X)      # dot は行列の掛け算を表わす。
>>> Y = A @ X
       # Python3.5以降では行列の掛け算に @ 演算子が使える。上と同じ意味。

[[220 280]
 [490 640]]

>>> Y = X @ A      # 行列では、順序を入れ替えると結果が変わる。
```

array([[90, 120, 150],
       [190, 260, 330],
       [290, 400, 510]])

>>> Y = A.T @ X   # 作用と対象の数が合っていないとエラー。
# A.T の横が2列なのに、X の縦のが3行なので、合っていない。
ValueError: matmul: Input operand 1 has a mismatch in its core dimension 0,
   with gufunc signature (n?,k),(k,m?)->(n?,m?) (size 3 is different from 2)

Summary

- 行列の掛け算は、縦ベクトルが対象で、横ベクトルが作用、英語の順序で「動詞×目的語」。

5-2 掛け算の順序と双対性

QUESTION

前項の「5-1」で、行列の掛け算は「英語の順序」だと聞いて、日本人の僕としては少しがっかりです。
そもそもなぜ、行列の掛け算には順序があるんでしょうか？ ふつうの掛け算みたいに「逆」に掛けても答えは同じにならないんですか？

ANSWER

線形代数（行列）の世界には「互いに裏返し」という、双対性（Duality）という関係があります。
双対性まで含めて考えれば、決して「英語の順序」が「日本語の順序」よりも上、ということにはなりません。

　いきなり「線形代数」という言葉が出てきましたが、これはざっくりと言うと**行列やベクトルの計算方法のこと**と捉えておいてください。
　さて、1つ前の「5-1」では、

> 『行列の掛け算は、縦ベクトルが「対象」で、横ベクトルが「作用」、英語の順序でいうと「動詞×目的語」になる』

と説明しました。
　ところがよく考えると、これは1つの約束に過ぎず、もう1つ、別の約

束が考えられます。つまり、縦（対象）と横（作用）の役割を入れ替えて、

> 『行列の掛け算は、縦ベクトルが作用で、横ベクトルが対象、
> 日本語の順序でいうと「主語×述語」になる』

とするのです。この後者「主語×術後」の約束で、もう一度、（対象データ）×（重み）を書き直してみましょう。

「主語×述語」ルールで式を書き直すと

まず、対象データを、今度は横ベクトルで表記します。

$$X = (x_1, x_2, x_3)$$ ・ここは「横ベクトル」で書いてあります。

そして重みを、今度は縦ベクトルで表記します。

$$W^T = \begin{pmatrix} x_1 \\ x_2 \\ x_3 \end{pmatrix}$$

・ここは「縦ベクトル」で書いてあります。
・こちらに T（転置）を付けたのは、今度は縦ベクトルを「作用」としたからです。

すると、2つのベクトルの「内積」は、次のようになります。

ベクトルの内積（「日本語」順）

$$(x_{11}, x_{12}, x_{13}) \begin{pmatrix} w_1 \\ w_2 \\ w_3 \end{pmatrix}$$

$$= (x_1 \times w_1 + x_2 \times w_2 + x_3 \times w_3 = \sum_{i=1}^{3} w_i x_i = X \cdot W^T$$

今度の約束の場合、掛け算の順序は日本の小学校で教える通り、「かけられる数」×「かける数」となりました。

第5章 スマートなプログラムを書くための行列、ベクトル

これはこれで、何の矛盾もなく成り立つわけです。

行列の掛け算の2面性

このように、行列の掛け算には「縦横のどちらを対象とし、どちらを作用にするか」について、2通りの約束が考えられます。

この2面性は、線形代数における「双対性（Duality）」と呼ばれています。

ただの数字の掛け算で要素が1つしか無かった場合、つまり行列の大きさが1×1の場合、縦横の区別が無いので順序の違いはありませんでした。

しかし、複数の要素を持つ行列には縦横の区別が生じるため、どちらか一方を採択しなければなりません。

それゆえ、「英語順」と「日本語順」といった、2つの順序が生じます。

これが行列の掛け算に順序がある、根源的な理由です。

双対性は、線形代数の世界に大きな自由度をもたらします。「日本語」と「英語」を行き来することで、同じものを「対象データ」と「作用」、2つの側面から扱うことが可能となります。

双対性をコンピュータの世界にあてはめれば、同じプログラムを「対象データ」と「作用」という、2面から捉えられます。

これは、プログラムによってプログラムを生み出すという、コンピューター・ソフトウェアの思想そのものです。

このように、大きな自由度をもたらす双対性ですが、あまりにも強力な概念であるが故、使う上で混乱を招くこともあります。

プログラムの上で、（対象データ）×（重み）は、次のように書くこともできます。

```
>>> import numpy as np
>>> X = np.array([1,2,3])

array([1, 2, 3])

>>> W = np.array([ [2,4,6], [3,5,7] ])

array([[2, 4, 6],
       [3, 5, 7]])

>>> Y = X @ W.T      # 「@」は行列の掛け算を、T は転置を表わす。

array([28, 34])
```

1つ前の「5-1」では、内積が $W^T \cdot X$（プログラム中では $W.T@X$）という順序で書かれていました。今回は、同じことが $X \cdot W^T$（同じく $X@W.T$）という逆の順序で書かれています。ここで双対性のことを知らなければ、「あれ、さっきと順序が違うぞ?」という混乱を招くことでしょう。

後に示すプログラムでは、この「日本語順」の方を採用します。

- 行列の掛け算には、もう1つ別の約束が考えられる。横ベクトルが対象で、縦ベクトルが作用、日本語の順序で「主語×述語」。

- 「英語順」と「日本語順」、この一方を選択することが、行列の掛け算に順序がある根源的な理由。

- 線形代数における「双対性」とは、「対象データ」と「作用」という、2つの側面を互いに行き来すること。

5-3 行列式は分数から

QUESTION

行列式って、どんなものなのですか？「行列の式」という意味ですか、それともまったく違うものですか？
その行列式をやって、なんの意味があるのですか？

ANSWER

行列式とは、行列を構成する「行ベクトル」、または「列ベクトル」が、「どれほど一致していないか」を示す指標のことです。この説明だと、ピンと来ないですよね。

行列式とは、2つのベクトルが一致するかどうか

いま、2つの分数 $\dfrac{a}{b}$ と $\dfrac{c}{d}$ が一致しているかどうかを確かめるには、どうすればよいでしょうか。「そんなこと、考えたこともないよ」というなら、考えてみてください。簡単です。2つの分数の差をつくって、「結果が0かどうか」で判定できるでしょう。

$$\frac{a}{b} - \frac{c}{d} = 0$$

分数のままでは見にくいので、式の全体に b と d を掛けます。

$$ad - bc = 0$$

見やすくなりました。これが2×2行列の行列式です。

ベクトル(a, b)とベクトル(c, d)の行列式は、$ad - bc$

つまり行列式とは、2つの行ベクトル(a, b)と(c, d)が、一致しているかどうかを示す式のことです。

いま、行ベクトルで考えましたが、列ベクトルで考えても同じことです。2つの分数$\dfrac{a}{c}$と$\dfrac{b}{d}$が一致しているかどうかを確かめるには、

$$\frac{a}{c} - \frac{b}{d} = 0$$

式の全体にcとdを掛けて、

$$ad - bc = 0$$

先ほどと同じ結果になりました。

2×2行列の行列式の値は、2つのベクトルがつくる平行四辺形の面積

2つの行ベクトル(a, b)と(c, d)を、グラフ上の矢印で表わしてみましょう。
ここで$\dfrac{a}{b}$と$\dfrac{c}{d}$が一致しているということは、2つの矢印の向きが一致しているということです。

もし2つの矢印の向きが一致していたならば、たとえ見かけ上、2×2

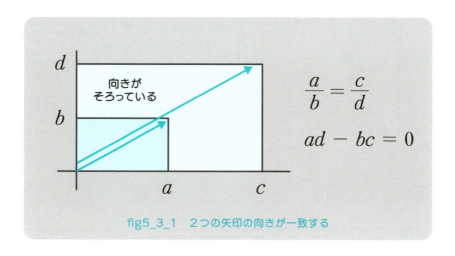

fig5_3_1　2つの矢印の向きが一致する

の行列であっても、その中身は実質的に1次元であることを意味します。

行列式 $ad - bc = 0$
　　↕
行列の中身が実質的に1次元（以下）
　　↕
行列のランクが1（または0）

行列の実質的な次元のことを「ランク」と言います。

> ＊ランクとは行列の持つ性質、次元とは空間の持つ性質のことです。正確には「行列に並んでいるベクトルのうち、1次独立なベクトルの個数」です。
> また、行列が「実質的にn次元」という言い方は、正しくは次の通りです。「行列に並んでいるベクトルの中から1次独立なものをすべて抜き出し、それらを基底として構成されるベクトル空間がn次元となっている」と。正確に言うと、むずかしくなりますね。

では、行列式が0でなかった場合、その値にはどんな意味があるのか。それは、2つのベクトルがつくる平行四辺形の面積を意味します。

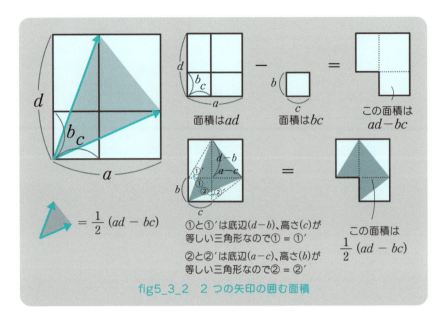

fig5_3_2　2つの矢印の囲む面積

　2つのベクトルの長さを1に固定した場合、面積は、もし矢印の向きが一致していれば0となります。**互いに直角であれば+1、または-1**となります。

　面積がマイナスというのは違和感がありますが、下の図のように、2つの矢印の順序によってプラス・マイナスを定めています。

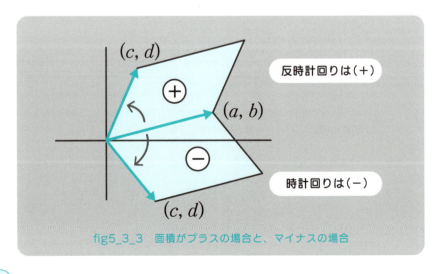

fig5_3_3　面積がプラスの場合と、マイナスの場合

つまり（ベクトルの長さが1の）**行列式の値は、－1～+1の範囲で、矢印の向きの不一致の度合いを表わしていた**わけです。

> ＊三角関数を知っている人の場合は、面積から次のことが読み取れるでしょう。
> 2つのベクトルを A, B として、Aの長さを$|A|$、Bの長さを$|B|$、Aと Bのなす角度をθとすると、行列式の値は $|A||B|\sin(\theta)$ となる。

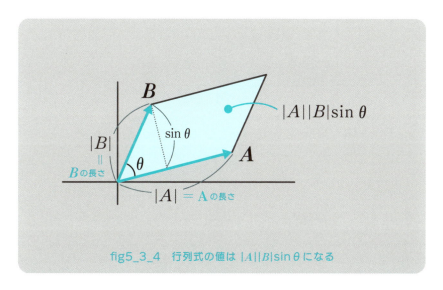

fig5_3_4　行列式の値は $|A||B|\sin\theta$ になる

3×3行列の行列式の値は「平行六面体の体積」

以上の2×2の行列で考えたことは、もっと大きなサイズの行列にも拡張できます。

3×3の行列式の値は、3本のベクトルのなす平行六面体の体積を表わしています。平行六面体とは次ページの図のように、直方体をグニャと一方向に潰したような立体のことです。

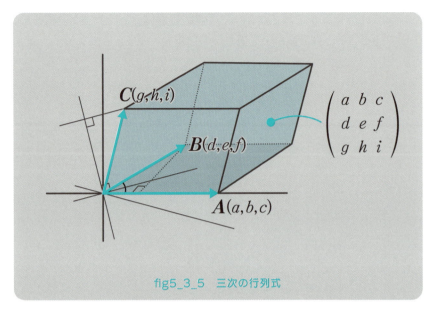

fig5_3_5　三次の行列式

　なお、3×3の行列式は、2×2の場合のように、簡単に分数から類推することはできません。3×3の場合、まずAとBの行列式によって平行六面体の底面積を求めます（$A \times B$）。この底面積に、次項の「5−4」で述べる「内積」の考え方に従って、Cの高さを掛けます。

$$C \cdot (A \times B)$$

　こうして求めた平行六面体の体積が3×3の行列式というわけです。

Summary

- 行列式とは、行列を構成するベクトルの不一致の度合いを表わしている。
- 2×2行列の場合、行列式の値は、2つのベクトルがつくる平行四辺形の面積となる。
- 3×3行列の場合、行列式の値は、3本のベクトルのなす平行六面体の体積となる。

5-4 なぜ内積は成分同士の積なのか

QUESTION

「ベクトルの内積」という言葉をWebで検索すると、$|A||B|\cos\theta$ という定義がヒットします。一方、「5-1」で見た内積は「ベクトル同士の掛け算」で、具体的には、$w_1 \times x_1 + w_2 \times x_2 + w_3 \times x_3$ のように成分同士の積の合計でした。
この2つは見た目には、まったく別ものに見えます。なぜ、この2つは一致するのでしょうか？

ANSWER

とても良い質問ですね。たしかに、式だけを見ると、$|A||B|\cos\theta$ と $w_1 x_1 + w_2 x_2 + w_3 x_3$ なのでまったく違ってみえますが、図形的に解釈すると、この2つは「面積」として一致するのです。

2つのベクトルの重なりを物理的に解釈してみましょう。たとえば物体の運動方向に対して斜めに力を加えたとき、力が物体に対してなす仕事は、

（仕事）＝（移動距離）×（力）×（力の投影成分）　なので、
$W = |x||F|\cos\theta$

とするのが理に適っています。

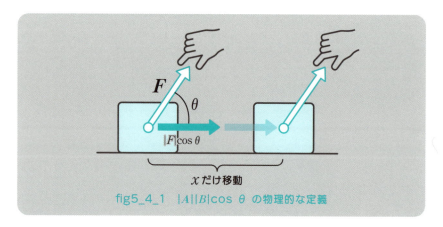

fig5_4_1　$|A||B|\cos\theta$ の物理的な定義

　この式の中の$\cos\theta$とは、「長さが1の棒を角度θで投影したときの、成分の長さ」を意味します。下の図を見ると、よくわかるでしょう。

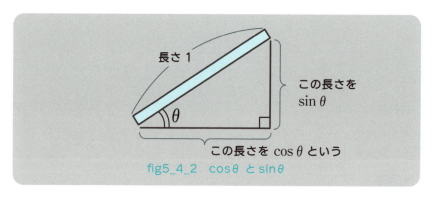

fig5_4_2　$\cos\theta$ と $\sin\theta$

　内積にはもう1つ、「ベクトルの各成分同士の積の合計」という定義もあります。

ベクトルの内積（「5-1」再掲）

$$(x_{11}, x_{12}, x_{13}) \begin{pmatrix} w_1 \\ w_2 \\ w_3 \end{pmatrix}$$

$$= (x_1 \times w_1 + x_2 \times w_2 + x_3 \times w_3 = \sum_{i=1}^{3} w_i x_i = X \cdot W^T$$

内積とは、長方形の和である

これら「物理的な内積」と「数学的な内積」はまったく似ておらず、とても同じものであるとは思えません。

まず、物理的な内積を直観的に見てとれるように、片方のベクトルを90度回転して図示してみます。

最も簡単な、2つのベクトルが同じ向きにそろっていた場合の図は、こうなります。

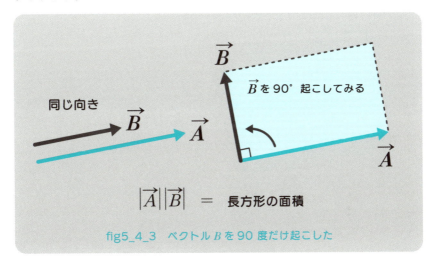

fig5_4_3　ベクトル B を 90 度だけ起こした

こうすれば、**内積の値を「長方形の面積」として見ることができる**でしょう。

この長方形を直交座標の上に置いて、次の図のように、周囲の三角形を移動すれば……。

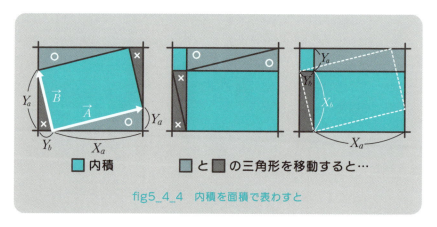

fig5_4_4　内積を面積で表わすと

　確かに色アミの部分が、各成分ごとの積和 $X_a \times X_b + Y_a \times Y_b$ に一致しますね！

直角とは、内積が 0 となる角度のこと

　では、2つのベクトルの向きがそろっていない場合はどうなるか。
　この場合は、上で長方形について行なったことを、平行四辺形に拡張しただけなのです。

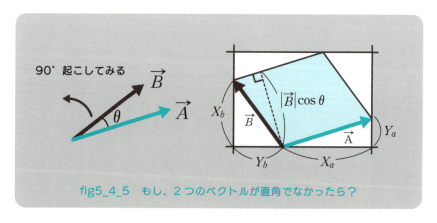

fig5_4_5　もし、2つのベクトルが直角でなかったら？

　先ほどと同様、片方のベクトルを90度回転して図示します。
　そして、平行四辺形の周囲にある三角形を移動すると……。

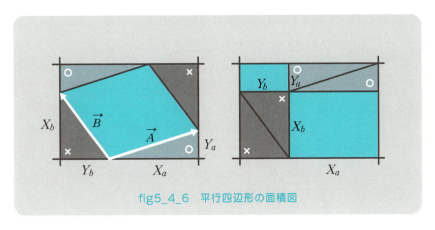

fig5_4_6　平行四辺形の面積図

確かに、色アミの部分 $= |A||B|\cos\theta = X_a \times X_b + Y_a \times Y_b$ となっているではありませんか！

実はこの内積に用いた説明は、実質的にピタゴラスの定理の拡張となっているのです。

下の図を見てください。

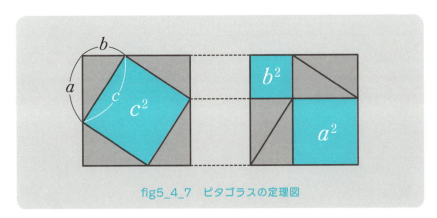

fig5_4_7　ピタゴラスの定理図

- 左側の図のように、スミアミのかかっている直角三角形を4枚並べて、正方形をつくります。
  - 左側の正方形で、真ん中に空いた色アミの正方形の面積は c^2 です。
  - 右側の正方形で、隙間に空いた2つの正方形の面積は $a^2 + b^2$ です。
  - 左右の正方形は同じ大きさなので、色アミの面積は等しいはずです。

よって、次のことがわかります。

$$c^2 = a^2 + b^2$$

　ピタゴラスの定理と内積、この2つは「空間とは何か」を考える上で、極めて重要な位置を占めています。

　まずピタゴラスの定理から、距離の概念が生まれます（「2－1」参照）。次に内積から、直交の概念が生まれます。

　空間の中で、直角とは何か、なぜ直角は特別なのかと問うたとき、
「直角とは、内積が0となる角度のことである」
と答えることができます。これらの概念を用いて、「空間とは何か」という問いかけに対して、数学では以下のようなストーリーを展開します。

・数の組、点の集合
　　　↓ …… 線形性（重ね合わせが成り立つ）
・線形空間
　　　↓ …… ピタゴラスの定理、内積
・内積空間（計量線形空間）

　ひとたび「ふつうのまっすぐな空間」（ユークリッド空間）で、こうしたストーリーをつくっておけば、同じストーリーを「曲がった空間」などにも拡張する道が拓けます。

　そのようにして、数学はその版図を広げているのです。

Summary

● 線形性、ピタゴラスの定理、内積によって、「空間とは何か」について数学的に答えることができる。

5-5 なぜ内積と外積があるのか

QUESTION

素朴な質問なのですが、ベクトルの掛け算には、内積と外積の2種類がありますよね。
この2種類の掛け算は、どういう違いがあるのですか？

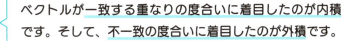

ベクトルが一致する重なりの度合いに着目したのが**内積**です。そして、**不一致の度合いに着目したのが外積**です。

前項の「5-4」で見た通り、内積には「ベクトルが一致する重なりの度合い」という物理的な意味があります。

一方、「外積」とは何かというと、「ベクトルの不一致を示す度合い」です。

「5-3」で見た行列式は、ベクトルの不一致の度合いを表わしていました。

このため、**外積の大きさは行列式によって定義される**のです。

ただ、それだけではありません。

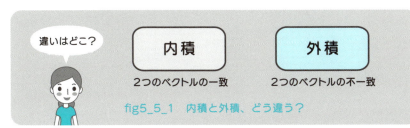

fig5_5_1　内積と外積、どう違う？

内積と外積の違い

　内積の場合、ベクトルが一致する方向だけに着目すればよいので、結果は1つの次元に集約されます。

　ところが外積の場合、ベクトルの不一致とは、なるべく反発してはみ出す方向のことを意味しています。つまり、内積の答は向きを意識しないただの数値であるのに対し、外積の答は向きをともなうベクトルという違いがあります。

　このため、内積のことを「スカラー積」、外積のことを「ベクトル積」と呼ぶことがあります。

　「なるべく反発してはみ出す方向」とは、どういう意味か。この意味は、3次元空間となって初めて生きてきます。

　3次元空間において、外積とは、元の2つのベクトルに直交して、大きさが $|A||B|\sin\theta$ のベクトルであると定義されます。

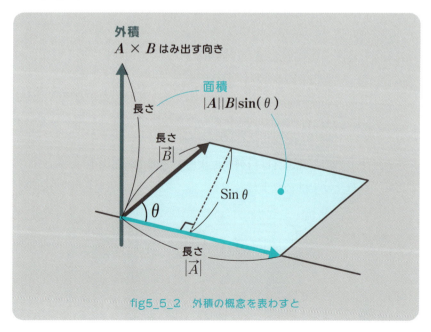

fig5_5_2　外積の概念を表わすと

$$A \times B = |A||B| \sin \theta$$

3次元空間なので、元の2つのベクトルのあった平面から「はみ出す」ことが可能なのです。

2次元空間の場合は、3次元空間のようにあからさまにはみ出すことができません。このため、

❶2次元空間に外積は定義できないとする流派

❷はみ出すことはできなくても、大きさだけは定義しておこうという流派
の2つがあります。

> ＊高校の数学で「内積」は教えても、「外積」を教えないのは、こうした事情があるからだと思います。❷のように、「大きさだけは定義しておく流派」であれば、2次元の内積・外積は以下のようにスッキリとまとめられます。

↓内積の記号

内積: $A \cdot B = |A||B| \cos \theta = A_x A_y + B_x B_y$

外積: $A \times B = |A||B| \sin \theta = A_x B_y - B_x A_y$

↑外積の記号 　　　　　　　　　　↑

外積は2×2の行列式となっている

内積のもつ意味、外積のもつ意味

内積に「斜めに働く力」という物理的な意味があるように、外積には「電流×磁場＝力」という物理的な意味があります（ローレンツ力、フレミング左手の法則）。

外積はもともと電磁気を記述するために編み出されたツールなので、3次元空間の外積には、電磁気学のカラーが色濃く染み付いているのです。

なお、本書で以降のAIに直接登場するのは「内積」の方だけであり、「外積」の出番は今ひとつ少ない、というのが実情ですが、プログラムの上で

177

「外積」を用いる場面としては、「物体同士の当たり判定」があります。

なぜ、当たり判定なのかと言えば、外積には「はじき出す向き」という意味があるからです。

＊「当たり判定」とは、主にゲーム内などで、プレイヤーが敵やビルの壁などに「当たったかどうか」を判定すること。

Summary

- 内積は、ベクトルの一致を示す「スカラー積」。
- 外積は、ベクトルの不一致を示す「ベクトル積」。

第6章 ディープラーニングの学習と降下法

6-1 ReLUの秘密

QUESTION

ネットで検索すると、「活性化関数には、シグモイドよりもReLU（ランプ関数）と呼ばれるものの方が良い」とありました。
そもそも「ReLU」って何だかわかりません。そのReLUが、なぜシグモイドよりも良いのでしょうか。

ANSWER

ReLU（ランプ関数）の方がシグモイドよりも「スイートスポットが広い」ことが主な理由です。

シグモイドとは、S字型のロジスティック曲線（「3-6」参照）のことでした。一方、ReLU（Rectified Linear Unit：ランプ関数）は、右下図に示すように1か所で折れ曲がった「直線」です。

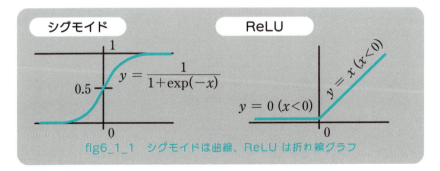

fig6_1_1　シグモイドは曲線、ReLUは折れ線グラフ

アレ？ ReLUに差し替えてもうまくいかない？

　一見したところ、ReLUのほうがシグモイドより単純であり、単純な
ReLUの方が優れていると言われても、にわかには信じにくいですね。

　試しに、以前つくったXORの学習プログラムを、シグモイドから
ReLUに差し替えてみましょう。

（プログラムの上では、d_sigmメソッドの後に、以下を追記する形になります）

```
# ReLUとその微分

    def relu(self, x):        # ReLU関数
        return np.where( x <= 0, 0, x )

    def d_relu(self, y):        # ReLU関数の微分
        return np.where( y <= 0, 0, 1 )
```

　「4－3」の2層ネットワークのプログラムで、シグモイドだった箇所
を上のReLUに差し替えます。それに合わせてプログラムの該当箇所も、
適宜書き換えます。

　そうしてつくったReLU版ネットワークでXORを学習させると、うま
く学習が進みません！

> ＊正確に言うと学習できる場合もあるのですが、うまく進まない場合がシグモイドの場合よ
> りもずっと多くなります。最悪の場合、途中で計算不能に陥ることさえあります。

　つまり、シグモイドをただReLUに差し替えても、それだけで性能アッ
プをするわけではなかったのです。

　では、翔太くんが「活性化関数にはReLUの方が良い、と書かれていた」
というのはウソだったのでしょうか。

　もとのシグモイド版ネットワークでは、中間層のニューロンが2個だけ

第6章　ディープラーニングの学習と降下法

181

でした。このニューロンの数を増やして、4個のReLUでXORを学習させてみましょう。

すると、今度はすんなり学習が進みます。しかも、シグモイド版よりも速やかに学習が進むように見えます。

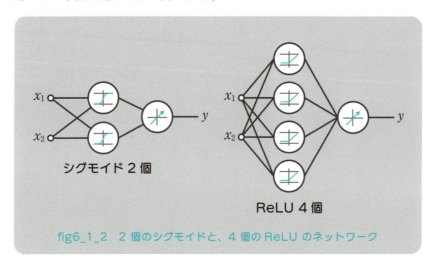

fig6_1_2　2個のシグモイドと、4個のReLUのネットワーク

種明かしをしましょう。

下図のようにReLU2個を組み合わせると、Z字型のカーブがつくれます。

このZ字型のカーブは、シグモイドのS字型のカーブと似ているので、**ReLU2個でシグモイド1個分と、ほぼ同等の働きが実現できる**のです。

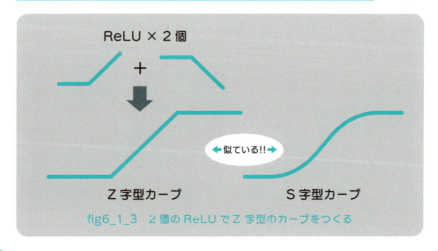

fig6_1_3　2個のReLUでZ字型のカーブをつくる

XORはシグモイド2個で学習できましたから、Z字型のカーブ2個、つまりReLU4個で学習できたというわけです。

Z字型の弱点

ならば、最初からZ字型のカーブを用意すればよかったのではないか。わざわざReLUにする必要は無いのでは、と思えるかもしれません。ReLUの本当の利点は、Z字型カーブと比較することで明らかになります。

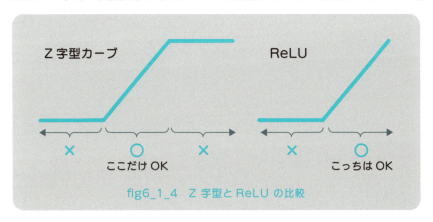

fig6_1_4　Z字型とReLUの比較

Z字型カーブの弱点は、傾きのある中央の領域に当たらないと、学習がまったく進まないことです。

それに比べてReLUは、少なくとも右半分に当たっていれば、学習を進めることができます。たとえReLUであっても、傾きの無い左半分に当たってしまうと学習が進みません。

それでもZ字型カーブと比べた場合、運悪く平らな領域に当たる確率は、ReLUの方が小さいことは明らかでしょう。

もしランダムにニューラルネットを初期化したなら、Z字型カーブを配置するよりも、その2倍の数のReLUを配置した方が、平らな領域に当たる確率がずっと小さくなります。これがReLUの利点です。

＊なお、Z字型カーブには「ハードシグモイド関数」という呼び名があります。

いま、Z字型カーブで考えたことは、そのままシグモイドにも当てはまります。
　シグモイドもZ字型カーブと同様、中央付近の「スイートスポット」から外れてしまえば、事実上、ほとんど学習が進まなくなります。

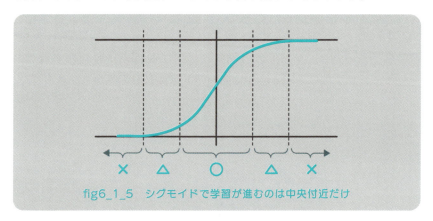
fig6_1_5　シグモイドで学習が進むのは中央付近だけ

　たとえReLUであっても、運悪く平らな半分に当たってしまうと学習は進みません。

　上の実験で、ReLU2個で XORがうまく学習できなかったのは、この平らな半分に当たってしまった場合です。たとえばReLU2個が下図のような初期配置だったなら、XORは学習できません。

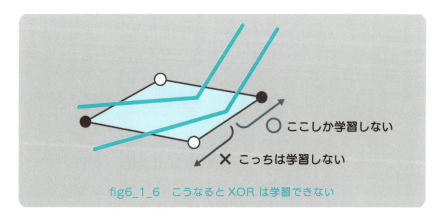
fig6_1_6　こうなると XOR は学習できない

では、どうすれば問題を避けて学習できるのか。**そこは数でカバーしよう、というのがReLU（というよりニューラルネット）の戦略**なのです。

ReLUの数をうんと増やせば、うまく当たる確率は相当大きく見込めるでしょう。たくさんあるうちの、一部だけが機能すれば事足りるからです。

その場合、当たらなかったReLUの出力は0なので、何の悪影響ももたらしません。

もしかすると、バイアスの分だけは影響が残るかもしれませんが、それは学習でカバーできるでしょう。

＊よく「ReLUは勾配消失問題に有効」といった、ひと言で片付けているネットの記事を見かけます。もちろん、それは間違いではありませんが、そのひと言の中身は上記のような内容だったのです。

以上のReLUの仕組みがわかれば、他の活性化関数についても、およその当たりが付けられるようになります。当たりをつけるポイントは、

・その活性化関数を組み合わせて、どうやって目的とする形をつくるかを想像する。
・その活性化関数を学習する過程で、どうやって平らな領域を避けて、傾きのある「スイートスポット」に当てるかを想像する。

目的とする形を想像するときには、「5－1　ニューラルネットワークの普遍性定理」を思い起こしてください。

- ReLUは、Z字型カーブやシグモイドを、2個の要素に分解したものである。
- ReLUを2倍ばらまいた方が、Z字型カーブやシグモイドをばらまくよりも、運悪く平らな箇所に当たる確率が小さい。

6-2　学習がうまく進まないとき

QUESTION

XORの学習プログラム(「4-3」参照)を試しているのですが、最悪の場合、20万回も訓練を繰り返さないと、満足な結果が得られないことがあります。
なぜ、こんなにかかるのでしょうか？

ANSWER

そうですね、地形イメージにたとえるなら、「平地、峠、落とし穴」にひっかかったようなもので、**学習が進まない**ことがあります。

「平地」の困難 ── 運が悪い？

シグモイドには、傾きが急な「スイートスポット」と、そこから外れた平らな領域があります。(「6-1」参照)。

運悪く、最初に平らな領域に当たってしまうと、学習がほとんど進みません。アンラッキー！

この状況は、ほとんど坂の無い平らな地面の上に置いたボールにたとえられるでしょう。つまり、ボールは極めてゆっくりとしか転がり落ちないわけです。

「峠」の困難――停滞期プラトー

2個のシグモイドニューロンによって XORを学習した結果は、以下のように、2つが互いに補い合う形に収まります。

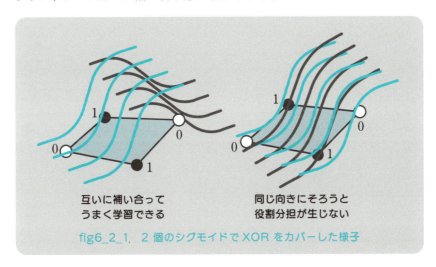

fig6_2_1. 2個のシグモイドで XOR をカバーした様子

もし、この2個のニューロンにまつわる初期値がまったく同じだったなら、学習はどのように進むでしょうか。

その場合、どのような学習を繰り返しても、2個はまったく同じ変化をたどります。その結果、いつまで経っても役割分担が生じないため、学習が完了しません。

まったく同じでなくとも、うんと近い値だったなら、役割分担が生じるまでにとても多くの訓練回数を要します。

訓練回数に対する誤差の大きさを、グラフに描いたものが「学習曲線」です。**うまく学習が進んだ場合には、学習を重ねるにつれて誤差が一律に減少**します。

一方、うまく学習が進まなかった場合には、学習曲線にこのような停滞が見られます。

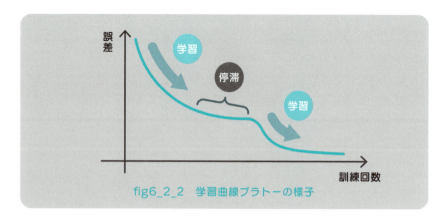

fig6_2_2　学習曲線プラトーの様子

この停滞期は「プラトー」と呼ばれています。

こうしたプラトーは、峠のような地形イメージにたとえられるでしょう。ちょうど**峠のてっぺんに置かれたボールは、右にも左にも落ちることなく、しばしその場にとどまり続ける**わけです。

このような峠型の地形のことを、「鞍点」（Saddle Point）と呼んでいます。

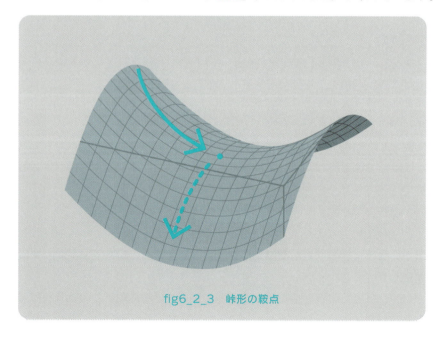

fig6_2_3　峠形の鞍点

「落とし穴」の困難

さらに複雑なケースを考えてみましょう。

以下のようにプラス・マイナスが交互に表われるデコボコの関数は、うまくすれば2個のシグモイドによって学習可能です。

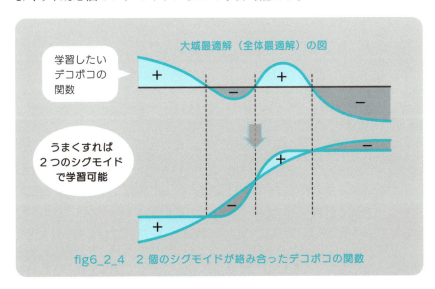

fig6_2_4　2個のシグモイドが絡み合ったデコボコの関数

局所最適解と全体最適解

しかし、もし学習の途中で、次ページのような状況に陥ったとしたら、どうなるでしょうか。

下の状況から、上の正解にたどり着くには、いったんシグモイドの向きを大きく反転させる必要があります。

しかし学習によって少しずつ修正するという方法では、大きくリセットしてやり直すことができません。たとえ下の状況であっても半分くらいは当たっているので、学習はとにかく現状を強化する方向に進むからです。

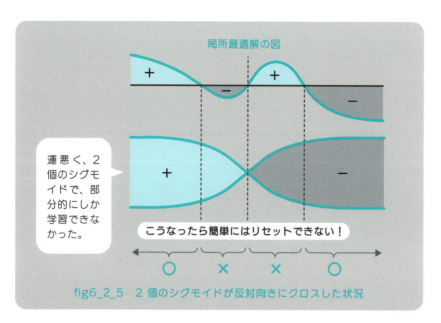

fig6_2_5 2個のシグモイドが反対向きにクロスした状況

この状況を地形に例えるなら、手前にある小さな落とし穴にはまったために、大きな谷底に転がり落ちることができないボールのようなものです。

手前の小さな落とし穴のことを「**局所最適解**」、大きな谷底のことを「**大域最適解**」（あるいは「**全体最適解**」）と言います。

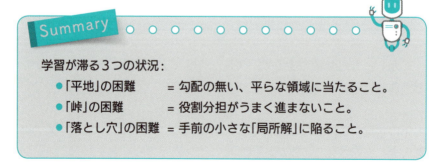

Summary

学習が滞る3つの状況：
- 「平地」の困難　＝ 勾配の無い、平らな領域に当たること。
- 「峠」の困難　　＝ 役割分担がうまく進まないこと。
- 「落とし穴」の困難　＝ 手前の小さな「局所解」に陥ること。

6-3 学習をうまく進めるには

QUESTION

どうすれば、前項「6-2」のような困難な状況下でも、学習を進めることができるでしょうか？

ANSWER

- 「平地」の困難には「データの正規化」を、
- 「峠」の困難には「重みの初期化」を、
- 「落とし穴」の困難には「確率的勾配降下法」、あるいはさまざまな降下法の最適化アルゴリズムを。

学習をうまく進めるための工夫はさまざまです。

そのすべてをこの場で紹介することはできないので、代表的なものだけに話題を絞ります。

「平地」の困難には「データの正規化」を

最も基本的で効果があるのは、<u>データをハンドリングできる範囲内に置く</u>ことです。

標準シグモイド関数であれば、0を中心として±2くらいの範囲が、本来学習の対象となる領域です。そこに、平均が1000で、±300のデータを持ってきても、学習が進まないことは明らかでしょう。

データの平均と広がりを調整して、ハンドリングできる範囲に合わせることを「正規化」といいます。よく用いられるのは、データを「丸い塊」と見なし、標準的な正規分布にあてはめる方法です（「2－2」参照）。

・STEP❶……各データから平均値を差し引く。この結果、データ全体の平均は0となる。
・STEP❷……各データの値を標準偏差で割る。この結果、データの広がる「半径」は、およそ1となる。

この標準的な正規分布にあてはまる方法のことを、特に「標準化」と呼んでいます。

正規化の手順をニューラルネットワーク内に組み込んだものは「バッチ正規化（Batch Normalization）」と呼ばれています。

学習がうまく進まなかったときに、まっさきに試す価値があるのは、この「データの正規化」です。

「峠」の困難には「重みの初期化」を

「峠」の困難を避ける効果的な方法は、**重みの初期値をバラけさせておく**ことです。

XORがうまく進まなかったケースは、2つのニューロンの値が極めて近いときに生じていたことを思い起こしてください（「6－2」参照）。

とはいえ、あまりにも極端にバラけさせてしまうと、ニューロン同士がバラバラになってうまく機能しません。

適切なバラけ方として知られているのは、以下（次ページ）の方法です。

2種類の初期化を比べると、Heの初期化は、Xavierの初期化の、およそ2倍バラけさせると捉えられます（$m=n$ だと考えて）。

これは、ReLU が、シグモイドを2個の要素に分解したものだ思えば納得できるでしょう（「6－1」参照）。

Xavierの初期化（Glorotの初期化）

・活性化関数がシグモイドのように、左右対称な場合に用いる方法。

　1つ手前の層にあるニューロンの数（入力の数）がn個、同じ層にあるニューロンの数がm個だったとき、ニューロンの重みを、平均が0で、標準偏差が$\sqrt{\dfrac{6}{(n+m)}}$の一様分布で初期化する。

　または、平均が0で、標準偏差が$\sqrt{\dfrac{2}{(n+m)}}$の正規分布で初期化する。

Heの初期化

・活性化関数がReLUのように、左右非対称な場合に用いる方法。

　1つ手前の層にあるニューロンの数（入力の数）がn個だったとき、ニューロンの重みを、平均が0で、標準偏差が$\sqrt{\dfrac{6}{n}}$の一様分布で初期化する。

　または、平均が0で、標準偏差が$\sqrt{\dfrac{2}{n}}$の正規分布で初期化する。

「落とし穴」の困難には「確率的勾配降下法」を

　「落とし穴」に陥らないようにするには、何らかの形でゆらぎを取り入れて、揺さぶりをかけてやれば良いわけです。揺さぶりをかけて坂を下る学習方法全般のことを、「確率的勾配降下法」（Stochastic Gradient Descent, SGD）と言います。

　最も単純な「確率的勾配降下法」は、**訓練データの順序をランダムにする**ことです。

　毎回、決まり切った順序で訓練を繰り返すより、ランダムに訓練した方が「固定の癖がつきにくい」ということです（「3－1」回帰分析プログ

ラムの注を参照)。

　また、訓練データを1度にまとまった件数ずつ学習させる「ミニバッチ」というやり方では、元になった全データから、1回の訓練データをランダムに抜き出す手続きを行ないます。

　あるいは、転がり落ちるボールに勢いをつけよう、という方法もあります。
　この方法は「モメンタム法（Momentum法）」と呼ばれています。モメンタム（Momentum）とは慣性のことです。
　モメンタム法は、一回前に行なった訓練の修正量を記録しておいて、今回の修正量に一定の割合で加える、という方法です。

　降下法については、他にもさまざまなアルゴリズムが提唱されているので、別の項での説明に譲りましょう。

Summary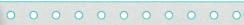

学習がうまく進まなかったとき、まっさきにチェックすべきポイント
1. **データの正規化**…データをハンドリングできる範囲内に置く。
2. **重みの初期化**…重みの初期値を適切な方法でバラけさせておく。
3. **確率的勾配降下法**…学習に揺さぶりをかける。

6-4 ミニバッチとSGD

QUESTION

ミニバッチって、何であんな手順を踏むのですか？
前項でやった、確率的勾配降下法（SGD）と同じことですか？

ANSWER

ミニバッチの実質的な意味は「サンプリング」です。SGDとセットで語られることが多いのですが、**元来は別概念**です。

　学習の方法は、一度に用いる訓練データの件数によって、次の3つに分類されます。

(1) オンライン学習

　データを1件ずつ学習する方法。
　データをランダムに1個ずつ取り出すことで「揺さぶりをかける」ことができるが、外れ値に弱い。

(2) ミニバッチ学習

　一定数のデータの学習を繰り返す方法。
　たとえば100件なら100件のデータをランダムに選び出し、100件ずつまとめた学習セットを繰り返す。外れ値に強く、かつ「揺さぶりをかける」こともできる。

(3) バッチ学習

すべてのデータをまとめて一度に学習する方法。

手元に3000件の学習データがあったなら、3000件全部の学習セットを繰り返す。外れ値に最も強いが、ミニバッチ学習のような「揺さぶりをかける」ことはできない。

なぜ「ミニバッチ」なのか？

この (1) 〜 (3) のうち、確率的に「揺さぶりをかける」方法は (1) と (2) です。

確率的勾配降下法（SGD）とは揺さぶりをかけること、ミニバッチとは一度に一定件数ずつ読み取ること。ですから、両者は別々の概念です。

しかし実際のミニバッチでは、「訓練データをまったくシャッフルせず、頭から順番に学習する」といったことは行ないません。

このため、両者がセットとなっているわけです。

では、多くの場合、**なぜミニバッチという手順を踏むことが定番なのか**、それは、ミニバッチが (1) と (3) の、いいとこ取りだからです。

(1) オンライン学習

- **メリット** ：局所解に陥りにくい。メモリー消費が小さい。
- **デメリット**：外れ値に振り回されやすく、学習が安定しない。個別に処理するので計算の効率が悪い。

(3) バッチ学習

- **メリット** ：外れ値に強く、学習が安定する。まとめて処理するので計算の効率が良い。
- **デメリット**：局所解に陥りやすい。メモリー消費が大きい。

見ての通り、(1) と (3) のメリット、デメリットは正反対です。

だったら、「両方の中間を採用しよう、いいとこ取りをしよう」というのがミニバッチのアイデアです。

> **覚えておきたいミニバッチ用語**
>
> ・**バッチサイズ**
> 　ミニバッチ学習において、1回に選び出すデータの件数。
>
> ・**エポック**
> 　ミニバッチ学習で、まとめて行なう1回の学習ことを「1エポック」と数える。たとえば、バッチサイズ100の学習を15エポック繰り返したら、全部で1500件のデータを学習したことになる。

【ミニバッチ Q-1】バッチサイズをいくつにしたらいいのか、教えてください。

【ミニバッチ A-1】上記のメリット、デメリットを考えて調整しましょう。
　バッチサイズは、(1)オンライン学習の1件から、(3)バッチ学習の全データ件数まですべての値を取り得るのですから、絶対にこれでなければいけない、という決まりはありません。

【ミニバッチ Q-2】1件ずつ100回学習するのと、100個まとめて1回学習するのは、同じことではないですか？

【ミニバッチ A-2】1回ずつ更新するのではなく、100回分をまとめて一気に更新する、という違いがあります。

ミニバッチ学習の手順

- 入力データと教師データをバッチサイズ分だけ（たとえば100件）用意する。
- 入力データから、100件の出力データを算出する。
- 出力データと教師データから、100件の誤差データを算出する。
- 100件の誤差データから求めた重みの修正量を平均し、その平均値で実際に重みを更新する。
- その結果、100回の計算に対して、重みの更新は1回となる。

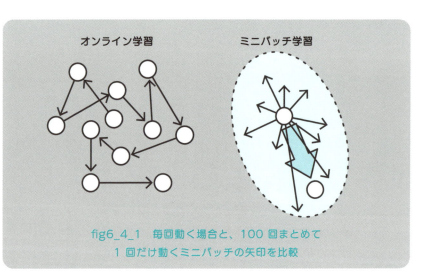

fig6_4_1　毎回動く場合と、100回まとめて1回だけ動くミニバッチの矢印を比較

Summary

- ミニバッチとは、1件ずつ学習する方法と、一度に全件学習する方法のいいとこ取り。
- バッチサイズは、外れ値、局所解、計算効率とメモリー消費を見て調整する。

6-5 さまざまな降下法

QUESTION

「降下法」というのを調べると、さまざまな最適化アルゴリズムがあることがわかりました。
これらのアルゴリズムは何なのですか。
また、どのアルゴリズムを用いればよいのですか?

ANSWER

誤差の坂を下る方法について、主に次の2点から改良した工夫が次々と発表されています。
・転がり落ちるスピードに勢いを付ける。
・学習係数を進行に応じて調整する。

誤差の坂を転がり落ちるような形で学習を進める方法のことを、一般に「降下法」と言います。

「6-3」で触れたように、降下法を工夫することで「困難」を避け、より効率的に学習を進めることができます。

降下法の最適化アルゴリズムは実にさまざまで、現在でも、なお新たな方法が次々と提唱されつつある状況です。本書の冒頭の「1-1」で紹介した「keras」というライブラリーでは、2020年4月現時点で、以下の最適化アルゴリズムを選択できます。

SGD, RMSprop, AdaGrad, AdaDelta, Adam, AdaMax, Nadam.

＊kerasの場合、モメンタム(6-3)はSGD(6-4)の中に含まれています。

これらの詳細を逐一覚えるのは大変です。それよりも、なぜ、こうした方法が必要とされるのか、その理由を知っておいた方が有益だと思います。

必要な理由その1　最も急な下り坂方向は、必ずしも最短ではない

意外かもしれませんが、最も急な下り坂方向だからといって、「最短」とは限らないのです。あらゆる降下法の基本となるのは「最急降下法」（Gradient descent, GD）です。

最急降下法とは、最も坂の勾配の急な方向に下るという方法です。

最急降下法にランダムな要素を取り入れたのが、「6－3」でも述べた「確率的勾配降下法」（SGD）でした。確率的勾配降下法（SGD）とは要するに、訓練データをランダムに取り出し、そのまま特に何の工夫もせずに「デルタルール」にあてはめるという方法です。

これまで紹介してきたプログラムは、（冒頭のkerasを除いて）すべてこの確率的勾配降下法（SGD）です。

ここで疑問に思うのは、確率的勾配降下法（SGD）のどこが悪いのか、最も急な方向に下るのがベストなのではないか、ということでしょう。

では、次のような地形を想像してみてください。

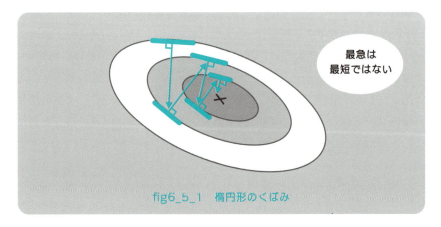

fig6_5_1　楕円形のくぼみ

fig6_5_1のような地形は、実際にもよく現れる基本的なパターンです。この地形で、最も急な方向に矢印を引くと、まっすぐゴール地点には向かいません。

まっすぐゴール地点に向かうのは、くぼんだ地形が真円だった場合だけです。つまり多くの場合、最も急な方向は最短ではありません。

これが確率的勾配降下法（SGD）の抱える欠点の1つです。

必要な理由その2　学習の進め方を固定ステップではなく、可変ステップにすべきである

学習ステップの大きさは重要です。

1回の訓練で更新する値の大きさのことを「学習係数 η（エータ）」と呼んでいました。（「1-4」参照）。

学習係数が大きいと、1回の学習の進み方が早く、局所解に陥りにくい、といったメリットがあります。反面、細かい調整が効かず、正確な答に近付きにくいというデメリットがあります。

学習係数が極端に大きかった場合、以下のように、最適解の周囲を振動するケースも起こりえます。

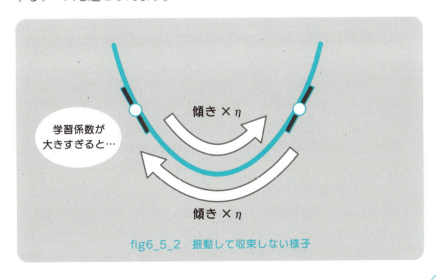

fig6_5_2　振動して収束しない様子

これまでは学習係数の大きさを固定値としてきましたが、状況に応じて大きさを変えた方が、うまく学習を進めることができます。

　以上、2つの理由を改善するため、主として2つの方針が考えられてきました。

- **方針1**：転がり落ちるスピードに勢いを付ける。
- **方針2**：学習ステップを進行に応じて、最初は大きく、後に次第に小さく調整する。

　この2つの方針から最適化アルゴリズムを整理すると、次のようになります。

3つの方針

- **方針1**： Momentum

　一回前の修正量を記録しておいて、今回の修正量に一定の割合で加える、という方法です。なおMomentumとは「慣性」という意味です。

- **方針2**： AdaGrad, RMSprop, AdaDelta

　AdaGradは、更新すべきそれぞれの重みごとに、個別に学習係数を小さくしていく方法です。

　ただ、これだと学習係数 η は小さくなる一方なので、この点を改良したのが RMSprop です。RMSpropは、モメンタム（Momentum）と同様に、確率的勾配降下法（SGD）の振動を抑える目的でつくられたものです。

　AdaDelta は学習係数を用いずに、学習の進め方を誤差の傾きから直接求める方法です。そのため学習係数に由来する不安定な性質が

改良されています。

- **方針3**：Adam
  さらに、1と、2のRMSpropを組み合わせた方法が Adam です。

では、これらのアルゴリズムの中で、どれを用いれば良いのか？
　一般的には、より改善が加わった新しいアルゴリズムの方を採用すべきです。上の中では Adam か RMSprop が候補に挙がります。

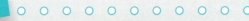

- 一般的には、新しいアルゴリズムの方を採用する。
- 可能であれば、試してみるのが手っ取り早い。

6-6 ドロップアウトの仕組み

QUESTION

「ドロップアウト」という方法があって、「ディープラーニングの学習に効果的」と聞いたのですが、これはどういうものですか？
なぜ効果的なのですか？

ANSWER

故意に部分的な学習を行なうことで、多数のニューラルネットワークの平均をとるのと同様の効果が得られるからです。

ブレを消し、安定性が増す「ドロップアウト」

XORの学習における、「峠」の困難を想定しましょう（「6－2」参照）。
もし中間層にある2個のニューロンの値が極めて近かったなら、役割分担が生じるまでに、とても多くの訓練回数を要します。

そこで、2個のニューロンのうちの1個を休ませて、残り1個を集中的に訓練してみましょう。
その結果、一方だけの値が更新されるためニューロンの役割分担が生じ、「峠」の困難を切り抜けることができます。これがドロップアウトの仕組みです。

ドロップアウトした状況を個別に描けば、2個のニューラルネットを個別に訓練したのと同じことだとわかります。つまりドロップアウトは、多数のニューラルネットワークを個別に訓練し、それらの平均をとることと同様の効果があります。

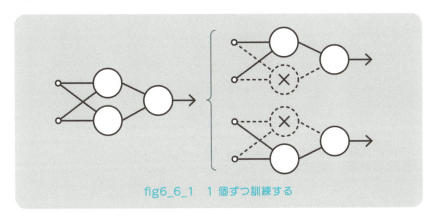

fig6_6_1　1個ずつ訓練する

　平均、あるいは多数決をとると、どのような効果が得られるのでしょうか。サイズの大きなネットワークの場合、個々のモデルが持つブレが打ち消され、全体としての安定性が向上します。

　ちょうど、1人で考えて決断するより、多人数で話し合って決めた方が、個人的な偏見が入りにくいことに似ています。

　多数のモデルを構築し、それらの平均をとったり、多数決をとるなどして、学習性能の向上を図る方法全般のことを「アンサンブル学習」と言います。ドロップアウトは、アンサンブル学習の1手法です。

Summary

- ドロップアウトとは、ニューロンの一部を休ませ、一部を集中的に訓練する手法。
- 多数のニューラルネットワークを訓練し、それらの平均をとるのと同様の効果が得られる。

第7章 情報量は対数で測る

7-1 回帰と分類の違い

QUESTION

これまでニューラルネットの出力は1個だけでしたが、実際問題として複数個の出力が欲しいこともあります。たとえば0～9までの手書き文字を見分けるには、10個の出力が欲しいところです。
どうすれば、そういった「複数個の出力」ができるでしょうか。

ANSWER

分類の問題では、複数個の出力に「ソフトマックス関数」をあてがいます。では、ソフトマックス関数について説明しますね。

「教師あり学習」型AIの働きには、大きく分けて「回帰」と「分類」の2つがあります。
　「回帰」(Regression)とは、連続する数値を予測すること。
　「分類」(Classification)とは、カテゴリー分けしたときの種類を予測することです。
　そもそもデータには、連続する数値として表わすことができる「量的データ」と、カテゴリー分けしたときの種類を表わす「質的データ」の2つがあります。

量的データと質的データ

- **量的データ**

  連続する数値として表わすことができる。足し引きなどの演算ができる。

  長さ、重さ、時間、温度、金額、など

- **質的データ**

  種類の違い。足したり引いたりすることに意味が無い。

  ジャンル、カテゴリー、住所、性別、など

ニューラルネットで「分類」するには

量的データを予測するのが「回帰」、質的データを予測するのが「分類」です。

> ＊「回帰」という用語は、歴史的には、イギリスのゴールトン（1852-1911）の「平均への回帰」という言葉に由来します。

「回帰」の場合、ニューラルネットは1個の数値を出力し、それと教師データとの差分（誤差）を小さくすることで学習を進めました。

しかし「分類」の場合には、データを1個の数値で表わすことは理に適っていません。たとえば物体の形状を、○、△、□ のどれかに分類したかったなら、3つのフラグを用意して、○だったら（1, 0, 0）、△だったら（0, 1, 0）、□だったら（0, 0, 1）と表わすのが妥当でしょう。

このように、カテゴリーを1と0のフラグで表わす方法を「One-Hot表現」といい、この1と0のフラグの集まりを「One-Hotベクトル」と言います。

ニューラルネットで「分類」を行なうためには、出力を「One-Hot表現」

に合わせなければならないのです。

　実はすでに、私たちは One-Hot 表現へのヒントを知っています。それはシグモイド関数のことです。

　シグモイド関数は、連続する数値を 0 ～ 1 の範囲に押さえる働きを持っています。ということは、ニューラルネットの出力に、カテゴリーの数だけシグモイド関数を並べればよいわけです。

　ただし、単に出力層の活性化関数をシグモイドに置き換えればよいというわけでもありません。One-Hot 表現とは 1 個だけが 1 なのですが、単にシグモイドを並べただけでは、お互いバラバラに、2 個以上が 1 になるかもしれないからです。

　そこで、複数のシグモイドを One-Hot 表現にうまく合わせることを考えてみましょう。

　「複数のシグモイドを束ねて、出力の合計が 1 となるように構成した関数」のことを「ソフトマックス関数」と言います。

　ソフトマックス関数が、これまでの活性化関数と異なる点は、入力も出力も複数個になっていることです。

出力の合計を1に制限したのが ソフトマックス関数

　まず、1 個のシグモイド関数をじっくり見直すところから始めましょう。シグモイド関数は、このような式で表わされていました（「3 - 6」参照）。

$$y(x) = \frac{\exp(x)}{\exp(x)+1}$$

　分母にある +1 とは、「ブレーキの一歩の遅れ」を意味していました。この +1 の値を変えると S 字カーブの立ち上がるタイミングは変わりますが、形状は変わりません。

そこでこの「＋1」は「どんな数にも置き換えられる」という意味で、「＋C」という記号に置き換えましょう。＋Cには任意の正の数を入れることができます。

さて、今3つのカテゴリーを表わす3つの変数、x_1, x_2, x_3 があったとします。この3つの変数（$x_1 \sim x_3$）に個別にシグモイド関数を施したなら、3つの出力ができます。

$$y_1(x_1) = \frac{\exp(x_1)}{\exp(x_1) + C_1}$$

$$y_2(x_2) = \frac{\exp(x_2)}{\exp(x_2) + C_2}$$

$$y_3(x_3) = \frac{\exp(x_3)}{\exp(x_3) + C_3}$$

ここで、出力の合計を1に制限したい、つまり $y_1 + y_2 + y_3 = 1$ にしたいのであれば、どうするか。

答は、3つの式の分母をすべて $\exp(x_1) + \exp(x_2) + \exp(x_3)$ とすることです。

$$y_1(x_1 x_2 x_3) = \frac{\exp(x_1)}{\exp(x_1) + \exp(x_2) + \exp(x_3)}$$

……ここでは $\exp(x_2) + \exp(x_3) = C_1$ と見る。

$$y_2(x_1 x_2 x_3) = \frac{\exp(x_2)}{\exp(x_1) + \exp(x_2) + \exp(x_3)}$$

……ここでは $\exp(x_3) + \exp(x_1) = C_2$ と見る。

$$y_3(x_1 x_2 x_3) = \frac{\exp(x_3)}{\exp(x_1) + \exp(x_2) + \exp(x_3)}$$

……ここでは $\exp(x_1) + \exp(x_2) = C_3$ と見る。

こうすれば、すべての出力の合計が1となり、かつ、それぞれの式がシ

グモイドと同様のS字カーブを描きます。これが「ソフトマックス関数」です。

　なお、ソフトマックス関数の値にはすべての入力データ x が影響しています。つまりソフトマックス関数は「多変数関数」です。そのため、ソフトマックス関数の入力には（x_1, x_2, x_3……）のようにすべての x が記載されます。

　Σ記号を使うと、次のようにまとめて記述できます。

ソフトマックス関数

$$y_i(x_1, x_2, x_3 \cdots x_n) = \frac{\exp(x_i)}{\sum_{k=1}^{n} \exp(x_k)} \quad \cdots\cdots \begin{array}{l}(i=1\sim n,\ n=カテゴリーの数) \\ (k=入力の合計に用いる一時的 \\ \quad な変数)\end{array}$$

　ニューラルネットで分類の問題を扱うには、出力にカテゴリーの数だけのニューロンを用意し、それらの活性化関数にソフトマックス関数をセットします。

Summary

- 回帰の問題 = 出力が量的データ
  　　出力層に線形ニューロンを用いる。

- 分類の問題 = 出力が質的データ
  　　出力層にカテゴリーの数だけのニューロンを用意し、ソフトマックス関数をセットする。

7-2 MNISTの学習プログラム

QUESTION

前項(7-1)でやった「分類」の学習プログラムの実例を示してください。

ANSWER

わかりました。次ページ以降に、手書き数字を判断するためのデータセット「MNIST」の分類学習プログラムを示します（概略は下の図の通りです）。

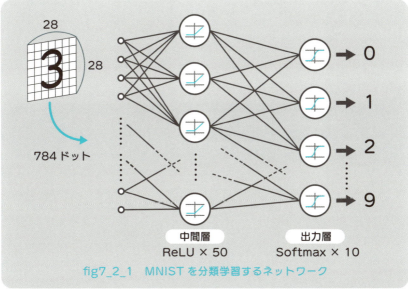

fig7_2_1　MNISTを分類学習するネットワーク

ニューラルネットワークの1枚の層は、Layer クラスにまとめられています。中間層の Layer クラスを図示すると、このようになります。

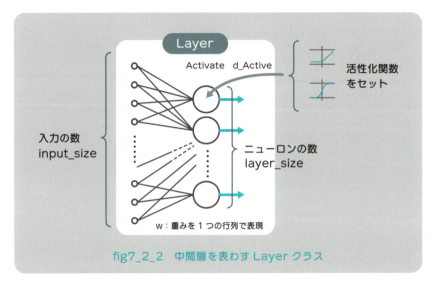

fig7_2_2　中間層を表わす Layer クラス

Layer クラスにまとめることで、

$$\begin{pmatrix} \text{ミニバッチの複数件数} \\ \text{のベクトルデータ} \end{pmatrix} \times \begin{pmatrix} \text{複数ニューロンの有する} \\ \text{複数個の重み} \end{pmatrix}$$

という処理が、行列のかけ算によって一気に実現できます。

手書き数字を判断するデータセット「MNIST」の分類学習プログラム

```
import numpy as np

# 1枚の層を表わすクラス
class Layer:
```

```python
LEARNING_RATE = 0.05      # 学習係数 -- ここをうまく調整する

def __init__(self, input_size, layer_size, kind=0):
    self.input_size = input_size      # 入力の数
    self.layer_size = layer_size      # ニューロンの数

    # kindに応じて活性化関数とその微分をセットする
    if kind == 0:      # 線形ニューロンとする
        self.activate, self.d_active = self._ident, self._d_ident
        sd = np.sqrt(2/(self.input_size + self.layer_size))
                                        # Xavierの初期化、標準偏差
    elif kind == 1:      # シグモイドニューロンとする
        self.activate, self.d_active = self._sigm, self._d_sigm
        sd = np.sqrt(2/(self.input_size + self.layer_size))
                                        # Xavierの初期化、標準偏差
    elif kind == 2:      # ReLUを設定
        self.activate, self.d_active = self._relu, self._d_relu
        sd = np.sqrt(2/self.input_size)      # Heの初期化、標準偏差
    else:      # 出力用にソフトマックス関数を設定
        self.activate, self.d_active = self._softmax, self._d_softmax
        sd = np.sqrt(2/(self.input_size + self.layer_size))
                                        # Xavierの初期化、標準偏差

    self.W = np.random.normal( 0, sd, (self.layer_size ,self.
input_size) )
                                # 重み、ニューロン数×入力数
    self.B = np.zeros( self.layer_size )
        # 閾値、ニューロン数だけある。元文献だとバイアスは0としている

def _ident(self, x):      # 恒等関数
```

```python
        return x        # 入力値をそのまま返す

    def _d_ident(self, y):        # 恒等関数の微分
        return np.ones(y.shape)        # yと同じ形式で1を返す


    def _sigm(self, x):        # シグモイド関数
        return 1 / ( 1 + np.exp( -x ) )


    def _d_sigm(self, y):        # シグモイド関数の微分
        return y * (1.0 - y)


    def _relu(self, x):        # ReLU
        return np.where( x <= 0, 0, x )


    def _d_relu(self, y):        # ReLUの微分
        return np.where( y <= 0, 0, 1 )


    def _softmax(self, x):        # ソフトマックス関数
        if x.ndim == 2:        # ミニバッチ、入力 x が行列の場合
            x = x.T        # いったん縦横を転置する（集計の都合で）
            mx = np.max(x, axis=0)
                            # オーバーフロー対策、各試行ごとに最大値をとる
            ex = np.exp(x - mx)
            result = ex / np.sum(ex, axis=0)
            return result.T        # 転置を元に戻す
        else:        # オンライン、入力 x が1件だけの場合
            mx = np.max(x)        # オーバーフロー対策
            ex = np.exp(x - mx)
            return ex / np.sum(ex)
```

```python
def _d_softmax(self, y):        # ソフトマックスの微分  ←次の7-3で参照
    return np.ones(y.shape)
                                # yと同じ形式で1を返す
                        (ソフトマックス+交差エントロピー誤差だとこうなる)


def forward(self, x):           # 順方向伝播の計算
    self.input = x              # 入力値を保持しておく
    u = x @ self.W.T + self.B
                # @ は行列の掛け算、複数のデータxと重みWの掛け算を一気に
                行なう(「5-1」で「劇的に改善される」と指摘したのが、このプロ
                グラム行)このとき B はすべての行に対して足される
    self.output = self.activate(u)      # 活性化関数を施す


def backward(self, error):      # 逆方向伝播の計算
    batch_size = error.shape[0]
                                # 誤差がバッチサイズだけやってくる

    u = self.d_active(self.output)      # 活性化関数の微分
    delta = u * error           # 誤差を活性化関数以前の姿に戻す

    self.d_W = delta.T @ self.input / batch_size
                # 重みの更新値、行列の掛け算で一気に計算(「5-1」で
                「劇的に改善される」と指摘したプログラム行)
    self.d_B = np.sum(delta, axis=0) / batch_size
                                # バイアスの更新値

    self.back_error = delta @ self.W
                                # 1つ手前の層に戻すべき誤差


def update(self):       # 重みとバイアスの更新
    self.W -= self.LEARNING_RATE * self.d_W     # 重みの更新
```

```python
        self.B -= self.LEARNING_RATE * self.d_B     # バイアスの更新

INPUT_SIZE = 784
            # 入力の数 = 28*28 = x_train.shape[1] * x_train.shape[2]
MIDDLE_SIZE = 50      # 中間層の数 -- うまく調整する
N_CLASS = 10       # 出力の数 -- 10カテゴリーに分類する


# MNIST 手書き文字データを keras ライブラリーから読み込む
from keras.datasets import mnist      # keras データセットを利用
(x_train, y_train), (x_test, y_test) = mnist.load_data()
n_train = x_train.shape[0]     # トレーニングデータの件数、60000件
n_test  = x_test.shape[0]      # テストデータの件数、10000件


x_train = x_train.reshape(n_train, INPUT_SIZE).astype('float32') /
255
                        # INPUT_SIZE の数値ベクトルに整形
x_test  = x_test.reshape( n_test,  INPUT_SIZE).astype('float32') /
255
                        # 255階調のデータを0〜1に正規化


# 教師データを One-hot 化する -- 単位行列をつくって行数 index を指定すると
いう技
y_train = np.eye(N_CLASS)[y_train]
y_test  = np.eye(N_CLASS)[y_test]


mid_layer = Layer(input_size=INPUT_SIZE,  layer_size=MIDDLE_
SIZE, kind=2)     # 中間層、kind=1: シグモイド , 2:ReLU
out_layer = Layer(input_size=MIDDLE_SIZE, layer_size=N_CLASS,
kind=3)     # 出力層、kind=0: 線形 , 1: シグモイド , 3:softmax


BATCH_SIZE = 100 # バッチサイズ、1回のバッチで処理するデータ件数
```

```python
for epoch in range( 50000 ):        # 繰り返しトレーニングする
    # 訓練データを用意 -- バッチサイズだけランダムに選び出す
    rnd = np.random.choice(n_train, BATCH_SIZE)
    x = x_train[rnd]
                # 本来であれば、1度用いたデータは次回には使わない方が良い。
    y = y_train[rnd]        # ここでは簡易的な方法をとった。

    # 順方向伝播
    mid_layer.forward(x)        # 中間層
    out_layer.forward( mid_layer.output )        # 出力層

    error = out_layer.output - y        # 誤差 = 教師データと結果の差分

    # 訓練の経過を表示する（実はこの表示のための誤差を計算しなくても学習
    はできる）
    mse = np.mean( np.sum(error ** 2, axis=1) )
                                # 2乗誤差を求めておこう
    cx_entropy = np.mean( np.sum( - y * np.log(out_layer.output +
1e-7), axis=1) )        # 交差エントロピー誤差    ←次の7-3で参照
    print("{}: MSE={}, X_ETP={}".format( epoch, mse, cx_entropy ))
if epoch % 100 == 0 else None        # 100回に1回表示

    # 逆方向伝播
    out_layer.backward(error)        # 出力層
    out_layer.update()
    mid_layer.backward( out_layer.back_error )        # 中間層
    mid_layer.update()

# 学習結果をテストする
hit = 0
```

219

```
for trial, (x, y) in enumerate( zip(x_test, y_test) ):
    # 順方向伝播
    mid_layer.forward(x)          # 中間層
    out_layer.forward( mid_layer.output )    # 出力層

    result = np.argmax(out_layer.output)
    teach  = np.argmax(y)
    hit += (result == teach)      # 結果が当たった件数

print( "{} hits, accracy={}%".format( hit, 100 * hit / n_test ) )
                                  # 97.4%程度の精度が実現できる
```

＊このプログラムには、さまざまな降下法（「6－5」参照）、ドロップアウト（「7－1」参照）は実装されていません。
　プログラム中のコメントにある「交差エントロピー誤差」については、次の「7－3」を参照してください。

Summary

　手書き文字画像の分類プログラムをディープラーニング用のライブラリーを使わずに、仕組みを追って作成すると、約5ページ半程度に収まる。
　この5ページ半の中に、AIの基本を概念のすべてが詰まっている。
　ぜひ一度、読者自身の手でこのプログラムを動かして、AIの働きを実感してください。

7-3 なぜ交差エントロピー誤差なのか

QUESTION

前項「7-2」の分類学習プログラムの中に登場した「交差エントロピー誤差」（219ページ）とは、どんな誤差なのですか？
なぜ、またまた新しい種類の誤差を考えなければならないのですか？

ANSWER

実際に試してみたら、2乗誤差に忠実であるよりも、シンプルな方法の方がうまく学習が進んだということです。
では、その場合の誤差関数はどうなっているかと考えると、2乗誤差とは別ものにならざるを得ません。
それが「交差エントロピー誤差」です。

「7-2」の分類学習プログラムの出力層には、ソフトマックス関数（「7-1」参照）がセットされていました。
ところが出力層の逆方向伝播には、ソフトマックス関数の微分に相当するものがセットされていません（プログラム中の _d_softmax（217ページ）では、常に1を返しています）。

なぜ、ソフトマックス関数に微分を組み込まない？

　一方、同じプログラムの中間層を見ると、シグモイド関数の微分については $y \times (1.0 - y)$ という計算が行なわれています。

　「4-2」のバックプロパゲーションの配分ルール（2）によれば、『1つ下の層に誤差を配分するとき、活性化関数の微分を掛け合わせる』ことになっていたはずです。

　その理屈からすれば、出力層にも中間層と同じようにソフトマックス関数の微分を組み込むべきであるように思えます。

　実は同じ疑問は、すでにロジスティック回帰にもありました。前述のロジスティック回帰のプログラム（「3-7」参照）を見ると、順方向伝播はシグモイドニューロンなのに、逆方向伝播では何も特別な工夫も無く、単純に教師データとの差分を誤差としています。

微分を施すと、処理が遅くなる

　では、試しに逆方向伝播に、理屈通りシグモイドの微分を組み入れてみましょう。

　プログラム（「3-7」P121）の変更箇所は、以下（★）の1行追加です。

```
 ……………………………（中略）……………………………
 result = 1 / (1 + np.exp(-u) )     # シグモイドニューロンの実行

 error = result - y       # 誤差
 error *= result * (1 - result)     # 誤差にシグモイドの微分を組み
入れる（★）
 ……………………………（中略）……………………………
```

変更前と変更後、2つの方法で行なったロジスティック回帰の結果1例を、下の図に示します。

この結果から、どちらの方法が優れているか、パッと見ただけで、判断が下せるでしょうか。少なくとも、一方が絶対の正解で、他方があからさまに間違い、といった性質の問題では無いようです。

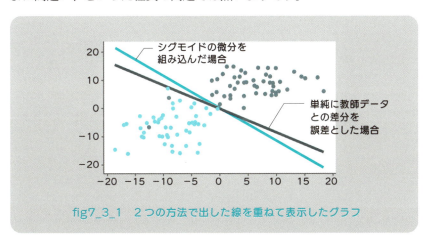

fig7_3_1　2つの方法で出した線を重ねて表示したグラフ

2つの方法が似通っているのは、最終的に目指すゴール地点が同じだからです。どちらの方法であっても、誤差が0となる地点自体は変わりません。2つの違いは、ゴール地点に向かうまでの近づき方だけなのです。

そう思って2つを比べてみると、シグモイドの微分を施すと、むしろ勾配が小さくなることに気づきます。シグモイド関数の微分 $y \times (1.0 - y)$ の最大値は、$y = 0 \sim 1$ の範囲内では 0.25 です。

ですから、単純に微分を施さなかった場合に比べて、勾配は $1/4$ 以下に小さくなります。

実際、微分を施さない方が収束が早く、結果も安定することが観察されます。

交差エントロピー誤差が後追いで普及した

つまり「多少理屈には合わないけれど、微分を施さない方がうまく動くし、計算も早い」というのが実情です。しかし、理屈には合わないというのは、何とも気持ちが悪い。

そこで改めて、「微分を施さなかった場合の誤差関数は、どうなっていれば事実と整合性が取れるのだろう」と考えて出てきたのか、「交差エントロピー誤差」だったのです。

＊そもそも誤差の測り方は1通りではなかったこと（平均2乗誤差、平均絶対誤差）を思い起こしましょう（「2－5」参照）。

交差エントロピー誤差の定義は、以下の通りです。

$$\text{交差エントロピー誤差} = \sum_i \left(\text{teach}_i \times \log \frac{1}{\text{result}_i} \right)$$

teach_i：One-Hot表現された教師データ。i個のうち、どれか1つだけが1で、他は0となっている。

result_i：ニューラルネットワークの結果出力

本書では、ここで初めて log（ログ）という記号が登場しました。

log とは、対数関数を意味し、指数関数 exp の逆の働きをします。

大ざっぱに言えば、ソフトマックス関数（またはシグモイド関数）の有する exp は、交差エントロピー誤差の有する log と互いに打ち消し合う格好となります。

その結果、プログラムの実装は単純に、「出力データと教師データとの差分を扱えばよい」という結論に至ります。

そもそも誤差関数というものは、理論の上で想定した仮想的な産物です。「7－1」のMNISTの学習プログラムを追ってみると、「実はこの表示の

ための誤差を計算しなくても学習はできる」ことがわかるでしょう。

　理論的な整合性を重視する説明の仕方では、まず先に誤差関数があって、その誤差関数を微分することで、ニューラルネットワークの仕組みが必然的に導かれるように展開されます。

　しかし、この説明の仕方では、交差エントロピーがどこから出てきて、なぜ正しいのか、明らかではありません。いわゆる第2次AIブーム時代には、出力層に中間層と同様のシグモイドをもってくることがしばしば行なわれていました。

　こうした試行錯誤の歴史は、交差エントロピー誤差が後追いで普及したことを物語っています。

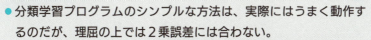

- 分類学習プログラムのシンプルな方法は、実際にはうまく動作するのだが、理屈の上では2乗誤差には合わない。
- そこで交差エントロピー誤差を想定すると、理論的に整合がとれる。
- 交差エントロピー誤差には、指数関数 exp の逆関数である、対数関数 log が含まれている。

7-4 対数logは掛け算を足し算にする

QUESTION

前項で出てきた「対数関数log」って何なのですか？ 高校で習ったような記憶がありますが、どんな働きをするのですか？

ANSWER

対数関数 log は、ひと言でいうと、「掛け算を足し算に」直し、指数関数 exp は「足し算を掛け算に」直すものです。

「逆関数」とはグラフの縦・横を入れ替えること

前項でも述べたとおり、**対数関数 log は、指数関数 exp の逆関数**として定義されます。このため、対数を理解するには、指数から復習するのが早道です。

指数関数 $\exp(x)$ とは、「微分しても形が変わらない」、「増え方がその場の値に等しい」関数ということでした（「3－5」参照）。

では、その逆である対数関数は、どのように定義されるかというと、指数関数の増え方が「その場の値yに等しい」のに対して、対数関数の増え方は「入力値xの逆数に」等しくなります。

指数関数と対数関数を並べて、グラフに描いてみましょう。まず、「逆関数」というのは、$x \to y$ だったところを $y \to x$ に直すのですから、**逆関数とはグラフの縦と横を入れ替えた形**になります。

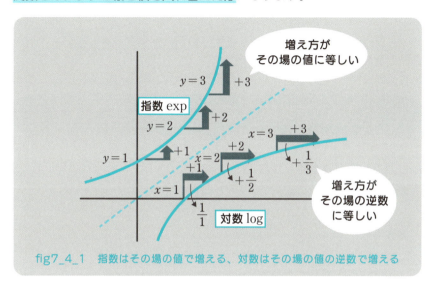

fig7_4_1　指数はその場の値で増える、対数はその場の値の逆数で増える

グラフの上で指数関数の増え方を見ると、グラフの傾き（ステップアップ）が、その場の値に比例していることが見てとれます。

値が1のところでは1だけ増えて（傾きが1）、3のところでは3だけ増えて（傾きが3）います。

これを縦と横を逆にした対数関数のグラフの傾き（ステップアップ）は、

・最初は横に1だけ進めば、1だけ増える（ステップアップする）。
・次は横に2だけ進めば、1だけ増える（ステップアップする）。
・その次は横に3だけ進めば、1だけ増える（ステップアップする）。
　……

ということは、横に1ずつ進んだとき、（大まかに言って、細かい階段のデコボコを無視すれば）

・最初は $1/1$ だけ増える。

- 次は 1/2 だけ増える。
- その次は 1/3 だけ増える
  …………

つまり、対数関数の増え方は、x 軸（横軸）の進み方に反比例していると読み取れます。

2回目の驚きは、1回目に比べると半減する

このことを微分を使った数式で表わせば、次のようになります。なお、式の中の「'」は微分の記号で、微分とは「グラフの傾き」という意味でした。

指数関数：$\{\exp(x)\}' = \exp(x)$

・指数関数の微分は、元の指数関数そのもの（★1・指数の性質）。

対数関数：$(\log_e x)' = \dfrac{1}{x}$

・対数関数の微分は、反比例 $\dfrac{1}{x}$ となる（☆1・対数の性質）。

対数を微分すると、反比例した $\dfrac{1}{x}$ となる、とはどういうことか？ イメージで考えてみましょう。

そこで、ニュースの持つ「驚きの大きさ」を例にとってみます。たとえば「狼が来た！」とニュースで聞くと、みんな驚きます。しかし、2回目に再度、「狼が来た！」とニュースで伝えても、その驚きの大きさは、1回目に比べると、その 1/2 だと捉えられます。

そして、さらに3回目の「狼が来

た！」というニュースの驚きの大きさは、1回目の 1/3 です。

回数を重ねるにつれて、驚きの大きさは 1/(回数) に減っていく。こうした**驚きの大きさを積み重ねた（積分した）結果が対数関数**です。

指数関数、対数関数で覚えておきたい性質

さて、再び指数関数の話に戻りましょう。

指数関数は微分しても結果が変わらないということから、$\exp(x)$ とは、銀行の複利（金利）の増え方 e^x と同じものです。

「複利」というのは、いつでも次に増える割合が一定で変わらない、ということです。そして、「e^x」とは、e を x 回だけ掛けること、たとえば、「$e^3 = e \times e \times e$」を意味します。

対数関数は指数関数の逆でしたから、$\log_e x$ とは、e を何回掛け合わせたら x になるのか、その数のことを意味します。

たとえば $\log_e e^3 = \log_e (e \times e \times e) = 3$ です。

指数関数には、足し算を掛け算に直す働きがあります。

このことは 10 を底（てい：ベース）とした指数関数を考えるとわかりやすいでしょう。

10 を底とする指数関数とは、「数字の桁数」のことです。

たとえば 100×1000 という掛け算をするとき、100 は 0 が 2 つ、1000 は 0 が 3 つ、合わせて「0 が 5 つ」と数えられるでしょう。この「0 の個数の足し算」こそが、指数関数の働きです。

$$100 \times 1000 = 10^2 \times 10^3 = 10^{(2+3)} = 10^5 = 100000$$

一般に、

$$e^{a+b} = e^a \times e^b \quad (\bigstar 2 \cdot 指数の性質)$$

となります。

第7章　情報量は対数で測る

対数関数はこの逆に、掛け算を足し算に直す働きがあります。

$$\log_{10}(100 \times 1000) = \log_{10}100 + \log_{10}1000$$

一般に、

$$\log(a \times b) = \log a + \log b \quad (\text{☆}2・対数の性質)$$

となります。

いま、さりげなく登場しましたが、指数関数に e や 10 といった底（ベース）の選択があるように、対数関数にも $\log_e$ や、$\log_{10}$ といった底（ベース）の選択があります。

e^x の逆関数が $\log_e$、10^x の逆関数が $\log_{10}$ です。なお、$\log_e$ のように底がeのときを「自然対数」、$\log_{10}$ のように底が10のときを「常用対数」と言うことがあります。

指数関数の、もうひとつの重要な性質は、マイナスに関する決め事です。マイナスの指数関数は、プラスの指数関数の逆数となります。

$$e^{-x} = \frac{1}{e^x} \quad (\text{★}3・指数の性質)$$

これは性質と言うより、約束事（定義）と言った方が良いかもしれません。

では、なぜマイナスを逆数と決めたのか。その理由は、掛け算の反対が割り算だからです。

e ではわかりにくいので、2を底にして考えてみましょう。

$2^1, 2^2, 2^3, 2^4$ …… はそれぞれ、2, 4, 8, 16 …… と、前の数を2倍にしています。

$$2 -(2倍)\to 4 -(2倍)\to 8 -(2倍)\to 16 -(2倍)\to$$

この系列を反対の側に延長するのなら、逆に半分ずつにするのが理に適っています。

$$4 -(1/2倍)\to 2 -(1/2倍)\to 1 -(1/2倍)\to 1/2 -(1/2倍)$$
$$\to 1/4$$

もとの指数関数に当てはめるなら、2^{-3} とは、2で3回割った結果、つまり $1/2 \times 1/2 \times 1/2$ ということになります。

実際、…… 1/8 → 1/4 → 1/2 → 1 → 2 → 4 → 8 …… をグラフに描く

と滑らかな曲線を描くので、この約束事は Well-defined です。

また、この約束事から、$2^0 = 1$ となります。

このマイナスの約束事を対数関数にあてはめると、こうなります。

$$-\log_e x = \log \frac{1}{x} \qquad (☆3・対数の性質)$$

対数関数のマイナスは、逆数の対数関数となるのです。

以上の ★、☆ の付いた3つが、指数・対数で覚えておきたい重要な性質となります。

Summary ○ ○ ○ ○ ○ ○ ○ ○ ○ ○

- (★1・指数の微分は、もとの指数そのもの)

$$\{\exp(x)\}' = \exp(x)$$

- (☆1・対数の微分は、反比例 $1/x$ となる)

$$(\log_e x)' = \frac{1}{x}$$

- (★2・指数は足し算を掛け算に直す)

$$e^{a+b} = e^a \times e^b$$

- (☆2・対数は掛け算を足し算に直す)

$$\log(a \times b) = (\log a + \log b)$$

- (★3・マイナスの指数は逆数)

$$e^{-x} = \frac{1}{e^x}$$

- (☆3・対数の逆数はマイナス)

$$-\log_e x = \log \frac{1}{x}$$

7-5 対数は情報量を測る

QUESTION

今、「7-4」でやった対数関数のことですけど、これって、何かの役に立つのですか？

ANSWER

「対数」の役立ちですか？　対数というのはいろいろな**解釈**がありますが、AIの分野で考えると、「情報の大きさを測るものだ」と言えばいいでしょうか。

「対数とは何か」——それは「情報の大きさの測り方だ」というのが、AIの立場です。

では、なぜ情報の大きさを問題にするのでしょうか。それは、情報の大きさを測ることができれば、<u>「正解に近いとか」「正解から遠い」とかの判断がつく</u>からです。

選択肢が複数段階であれば確率は「積」になる

「教師あり学習型のAI」では、現状の答を教師データに近づけるため、2つのデータ間の隔たりを測る必要に迫られます。

もしデータ間の隔たりがそのまま数値となっていたなら、情報の大きさ

はさほど意識する必要はありません。それが「回帰」の問題の場合です。

ところが、正解が選択肢の形で示されると、正解までの隔たりをどう測るかが問題となります。それが分類の問題の場合に、情報の大きさを考える理由です。

情報の測り方の、最も基本となるアイデアは「組合せは掛け算で増える」という事実です。ピンと来ないですか？
たとえば、「赤・青・黄」の3種類の上着と、「白・黒」2種類のズボンをもっている場合、その組合せは掛け算して、3×2＝6通りです。

つまり、❶赤い上着・白いズボン、❷赤い上着・黒いズボン、❸青い上着・白いズボン。❹青い上着・黒いズボン、❺黄色い上着・白いズボン、❻黄色い上着・黒いズボン——この6種類のコーディネートができる、ということです。掛け算です。

さらに4足の靴をもっていたとしたら、すべての組合せは3×2×4＝24通りとなります。
このように、組合せの数は「要素の掛け算」で増えていきます。

同じことを、「赤い上着を選ぶ確率＝1/3」、「白いズボンを選ぶ確率＝1/2」、「紺色のスニーカーを選ぶ確率＝1/4」、と見れば、全部で24種類の中で、この組合せ「赤い上着×白いズボン×紺色のスニーカー」が実現する確率は 1/3 × 1/2 × 1/4 ＝ 1/24 となります。
以上は「確率の積の法則」として知られています。

さて、服装のコーディネートが「上着・ズボン・靴」の3種類の組合せからできていたように、私たちが目にする事象は、

「何らかの基本となる構成要素の組合せによって実現している」

のだと考えてみましょう。

あらゆる事象を、基本となる構成要素の組合せによって実現するという考え方。これは、デジタル・コンピュータの精神そのものです。

1か0か、2つの値のいずれかをとる1個の変数のことを「1ビット」と言います。つまり1ビットとは、2通りの選択肢のことです。

ビットが2個集まった集合は「2ビット」です。

2ビットで表現できる選択肢は、

　　　0、0
　　　0、1
　　　1、0
　　　1、1

の4通りとなります。

同じようにして、3ビットで表現できる選択肢は、

　　　0、1、1
　　　0、1、0
　　　0、0、1
　　　0、0、0
　　　1、1、1
　　　1、1、0
　　　1、0、1
　　　1、0、0

全部で8通りとなります。2ビットの4通りに比べ、2倍になりました。

（エントロピー）＝－（情報量）のワケは？

このように、ビットが1個増えるごとに、選択肢は2倍に増えていくので、選択肢は2をビットの数だけ掛け合わせた結果になります。たとえば4ビットなら、$2 \times 2 \times 2 \times 2 = 16$通りです。

ビットと選択肢には次の関係が成り立ちます。

$$2^{\text{ビット数}} = (\text{選択肢の数})$$

では、逆に、選択肢が16通りあった場合、必要になるビット数はいくつになるでしょうか。

$$16 = 2 \times 2 \times 2 \times 2$$

なので、答は4ビットです。

このように、2^n という指数計算の逆にあたる計算が「2を底とする対数」だったのです。

$$4 = \log_2 16 \quad \leftarrow 2^4 = 16$$

対数は「私たちが目にする事象をつくり出すのに必要となる、元の構成要素の数」を示します。そこで、その構成要素の数のことを「情報量」と名付けることにしましょう。

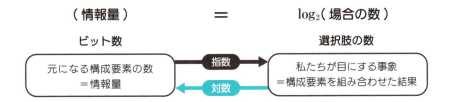

「場合の数」が掛け算で増えるのと同じ仕組みで、「場合の数」の逆数である確率も掛け算で効果が現われます。

たとえば3ビット（8通り）の場合の数の中から1つを選び出す確率は、$1/2 \times 1/2 \times 1/2 = 1/8$ です。

そこで、情報量にマイナスを付けた「負の情報量」を「エントロピー」

と名付けることにしましょう。すると、式の上では

$$（確率）=\left(\frac{1}{2}\right)^{ビット数}=2^{-ビット数}$$

となります。確率の場合には、ビット数にマイナスがつくわけです。つまり、

$$（エントロピー）=-（情報量）$$

と言えます。情報量もエントロピーも、いずれも「構成要素の数」を数える指標です。

どちらも同じ量を指し示しているのですが、情報がもたらされたときにはプラスなので「情報量」、情報を失ったときにはマイナスなので「エントロピー」という言い方をします。

当たったときにもたらされる情報量

さて、ここまで「1か0」の2択と言ったとき、コイン投げのように確率50%ずつの選択を前提としてきました。

しかし現実の選択肢は、いつも五分五分とは限りません。たとえば3つの白玉と1つの黒玉の入った袋から1個を取り出したとき、白玉を選ぶ情報量は、次のように数えます。

- まず4つの玉の中から1つを選ぶ。
- それが白玉だった場合、白は3つあるので、3つの中から1つを選ぶだけの情報量を差し戻す。

白玉を選ぶ情報量は、この2つの値を差し引いた分だと考えられます。

$$4つのうちの1つを選ぶ情報量 = \log_2 4 = 2 \text{ ビット}$$
$$3つのうちの1つを選ぶ情報量 = \log_2 3 = 1.585 \text{ ビット}$$
$$\log_2 4 - \log_2 3 = 2 \text{ ビット} - 1.585 \text{ ビット} = 0.415 \text{ ビット}$$

この、0.415 ビット という中途半端な数は、何を意味するのでしょうか。それは、確率75%の選択肢が本当に当たったときにもたらされる情報量の大きさです。

確率50%の選択肢よりも、確率75%の方が当たって当然なので、もたらされる情報量は小さくなります。

反対に、確率25%の選択肢が当たったとき、情報量は $\log_2 4 = 2$ ビット という、より大きな値になります。

自己情報量

$$I(x) = \log \frac{1}{P(x)} \qquad \text{・逆数は、確率を選択肢の数に直している。}$$

$$= -\log P(x) \qquad \text{・（☆3. 対数の性質）による。}$$

$I(x)$：事象 x の持つ情報量（I は Information の頭文字）

$P(x)$：事象 x が生起する確率（P は Probability の頭文字）

「平均情報量」とは何か？

「自己情報量」とは、とある1個の事象がもたらす「驚きの大きさ」のことです。

では、事象が何度も繰り返し起こったときの「驚きの大きさ」の平均値はどうなるでしょうか。それが、次の「平均情報量」という概念です。

たとえば、先ほどの3対1（75%：25%）の選択では、2つの選択肢を合わせてもちょうど1ビットにはなりません。

3対1の選択は、1対1（50%：50%）の選択と比べて、平均すると、より少ない情報量しか伝えることができません。

確率3/4 (75%) の方を選んだときの情報量 ＝ 0.415 ビット

確率1/4 (25%) の方を選んだときの情報量 ＝ 2 ビット

$$平均した情報量 = 75\% \times 0.415 ビット + 25\% \times 2 ビット = 0.311 + 0.5$$
$$= 0.811 \ ビット$$

このように各選択肢についての情報量を、確率の重みで平均した結果を「平均情報量」、あるいは「シャノンエントロピー」（シャノン情報量）と言います。

平均情報量（シャノンエントロピー）

$$H(X) = \sum_i \left(P_i \times \log_2 \frac{1}{P_i} \right) = -\sum_i \left(P_i \times \log_2 P_i \right)$$

$H(X)$：事象の集合 X についての平均情報量（シャノンエントロピー）

事象の集合 $X = \{ x_1, x_2, x_3, \cdots\cdots, x_i \}$ それぞれの取る確率を $P_1, P_2, P_3 \cdots\cdots P_i$ とする。

P_i は、i 番目の選択肢が実現する確率を表わす。

$\sum\limits_i$ は、すべての選択肢についての合計という意味。

データ間の隔たりを測る

ここまできて、ようやく当初の目的であった「データ間の隔たりを測る」ための準備が整いました。

教師データ $teach_i$ と、手持ちのデータ $result_i$ があったとき、2つのデータ間の隔たりを測る尺度が「交差エントロピー」です。

なぜこれがデータ間の隔たりとなるのか、直観的にはわかりにくいかもしれません。

交差エントロピー（クロスエントロピー）

$$H(p,q) = \sum_i \left(\text{teach}_i \times \log \frac{1}{\text{result}_i} \right)$$

・逆数は、確率を選択肢の数に直している。

$$= -\sum_i \left(\text{teach}_i \times \log_e (\text{result}_i) \right)$$

・（☆3.対数の性質）による。

p：手持ちのデータ result_i の集合、
$P(i) = \{ y_1, y_2, y_3, \cdots\cdots, y_i \}$

q：教師データ teach_i の集合、
$Q(i) = \{ t_1, t_2, t_3, \cdots\cdots, t_i \}$

たとえ話となりますが、とある2つの食堂A店とB店のおいしさが、6：4の比率だったとしましょう。

ではこの2つの食堂に、お客さんが6：4の割合で入るかというと、単純にそうはなりません。もし他に何の制限も無かったら（たとえばA店とB店の値段がまったく同じだったなら）、お客さんは全員A店に行くはずです。

ところが実際のお客さんは、味のことだけではなく、店の混雑具合も判断の基準とします。「A店が混雑していたなら、B店に行くか」ということも考えるわけです。

もしお客さん全員が（味のことをいったん忘れて）少しでも空いている方に行こうとしたなら、A店とB店のお客さんは五分五分に等しくなることでしょう。

さて、実際に店に入る客さんの数が、店のおいしさに比例して 6：4の割合に落ち着くのだとすると、お客さんは（無意識のうちに）おいしさと混雑度合いをどのように組み合わせて判断しているのでしょうか。

おそらく次のような判断を下していることでしょう。

【1】何も制限が無ければ、おいしさに比例して店の価値を付ける。

【2】お店が混雑していたなら、その場の混雑度合いに反比例して価値を付ける（混雑度合いによって価値を下げていく）。

【1】×【2】を、お店の総合的な価値として、価値の高い方の店に行く。

こうして付けた価値（にマイナス符号を付けたもの）が、いわば「お店の交差エントロピー」に相当します。

（お店の交差エントロピー）

$$= -\left(\text{【1】おいしさ}\right) \times \left(\begin{array}{l}\text{【2】混雑に反比例して下}\\\text{げていった価値の累積値}\end{array}\right)$$

お店がある程度混雑していたとき、次のお客さんの入りやすさは、現在の混雑度合いに反比例します。

これが【2】の意味するところであり、「7－4」にあった（☆1・対数の性質）そのものです。

（お店の交差エントロピー）

$$= -\left(\text{【1】おいしさ}\right) \times \left(\int \frac{1}{\text{そのときの客の入り}}\right)$$

$$= -\left(\text{【1】おいしさ}\right) \times \log(\text{客の入り})$$

＊対数の微分 $(\log_e x)' = \dfrac{1}{x}$ ということは、その逆である積分は $\log_e x = \int \dfrac{1}{x}\,dx$ ということです。

そして、交差エントロピーが最も小さくなったとき、「お店が本来持っているおいしさ」と「客の入り」の割合が一致します。

つまり、教師データと出力データが一致する、ということです。

＊式にマイナスが付いているので、【1】×【2】の価値が最大となったときです（ややこしい!）。

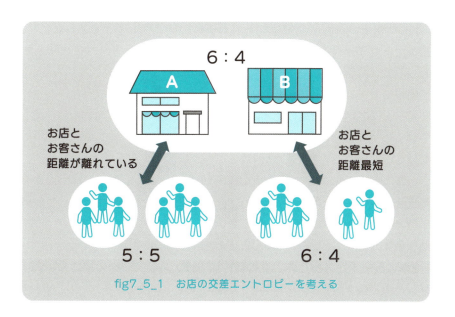

fig7_5_1 お店の交差エントロピーを考える

カルバック・ライブラー情報量

　交差エントロピーから、教師データの平均情報量を差し引いた差分は「カルバック・ライブラー情報量」（D_{KL}：カルバック・ライブラー・ダイバージェンス）」と呼ばれています。

　毎回、「カルバック・ライブラー情報量」と呼ぶには長すぎるので、以下「KL情報量」と略しましょう。

カルバック・ライブラー情報量

$D_{KL}(P||Q) = H(p,q) - H(p)$

・（交差エントロピー）ー（教師データの平均情報量）

$$= -(p \log q) - (-p \log p)$$
$$= -p \log \frac{q}{p}$$

KL情報量の目的は交差エントロピーと同じです。そうであれば、「交差エントロピーで十分ではないか、なぜもう1つつくったのか」と思うかもしれません。

　簡単に言えば、KL情報量は、交差エントロピーが持っていた「下駄」を差し引いて0にしたものです。2つのデータ（確率分布）の隔たりを測っているのですから、ちょうど2つのデータが一致したとき、隔たりは0になってほしいところです。

　ところが交差エントロピーは、2つのデータが一致したとき最小にはなりますが、0にはなりません。そこで、2つのデータが一致したときの最小値を交差エントロピーから差し引いて、基準を0に持ってきたのがKL情報量なのです。

　2つのデータが一致したときの最小値とは、教師データの持つ平均情報量に一致します。

　よって、（交差エントロピー）−（教師データの平均情報量）が、「下駄」を差し引いたKL情報量となったわけです。

Summary

- 対数とは「情報量の測り方」のこと。

【自己情報量】

$$I(x) = \log \frac{1}{P(x)} = -\log P(x)$$

【平均情報量（シャノンエントロピー）】

$$H(x) = \sum_i P_i \times \log_2 \frac{1}{P_i}$$

【交差エントロピー（クロスエントロピー）】

$$H(p,q) = \sum_i t_i \times \log_e \frac{1}{y_i} = -\sum_i t_i \times \log_e y_i$$

【カルバック・ライブラー情報量】

$$D_{KL}(P||Q) = H(p,q) - H(p)$$

第8章 ニューラルネットワークはこうしてディープ化した!

8-1 なぜ多層化を目指すのか

QUESTION

なぜ、ニューラルネットワークの階層を増やした方が良いのですか？ 階層を増やせば増やすほど、それだけ賢くなるようには思いますが……。

ANSWER

実のところ、よくわかっていません。ただ、おそらく私たちが物事を認識する方法が「階層構造を持つからだ」と考えられているためです。

　単純にニューラルネットの階層を増やせばパワーアップするのかというと、実はそれほど簡単な話ではありません。

　「4-1」で「ニューラルネットワークの普遍性定理」を見てきました。この定理によると、「**2層のニューラルネットワークで、どんな連続関数でも近似することができる**」わけで、それ以上、階層を増やす必要は無いということです。
　安直に「ディープ化」すれば、何でも解決できると思っていた人にとって、これは意外な事実ではないでしょうか。

　だとすると、なぜ、ニューラルネットの階層を重ねようとするのでしょうか。層を多数重ねることで、何か良いことがあるのでしょうか。

横に並べると足し算、縦に並べると掛け算の効果が

2個のニューロンを横に並べた場合と、縦につなげた場合で比較してみましょう。

横に並べた場合、2つの出力は足し算となって次の層に伝わります。

$$y = f(w_1 \times x_1 + \cdots\cdots) + f(w_2 \times x_2 + \cdots\cdots)$$

・式の中の $f(\ )$ はシグモイドなどの活性化関数です

縦につないだ場合、1個目の出力に、2個目の処理を乗じる（足し算ではなく、掛け算）ことになります。

$$y = f(w_2 \times f(w_1 \times x_1 + \cdots\cdots) + \cdots\cdots)$$

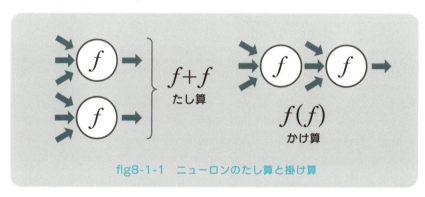

fig8-1-1　ニューロンのたし算と掛け算

つまり**ニューロンを横に増やすのは「足し算の効果」**が、**縦に増やすのは「掛け算の効果」**があります。より正確に言えば、

> 「ニューラルネットワークの表現力は、横の増加については多項式的に上がり、縦の増加については指数的に上がる」

ことになります。

仮に「掛け算」というものを知らなかったとしても、理屈の上では「足し算」を繰り返せば同じ計算ができるはずです。たとえば、2×5の計

算方法を知らなくても、2＋2＋2＋2＋2の足し算で計算可能です。このように、「足し算」だけであっても、一応はどんな計算もできる、というのが普遍性定理の意味するところです。

「層」でグループ化し、効率を上げる！

では、「掛け算の効果」とは、ニューラルネットの上でどのような働きを指すのでしょうか。

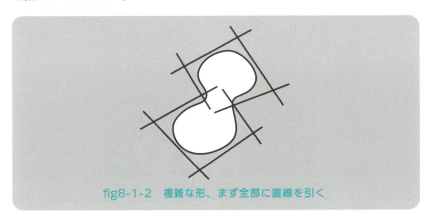

fig8-1-2　複雑な形、まず全部に直線を引く

　上図のように、複雑なデータ形状があったとしましょう。
　データを学習するには、まず切り取るのに必要な直線の数だけ、1層目のニューロンが必要です。
　2層の浅いニューラルネットワークの場合は、これだけの数の直線をすべて一度に学習します。つまりすべての直線を、個別バラバラに調整するわけです。
　直線の本数が多くなると、この調整はかなりめんどうな作業になることでしょう。
　たとえばパワーポイントのようなパソコン上の描画ソフトを思い浮かべてみてください。こうした描画ソフトには、線を1本1本動かす機能の他に、図形をグループ化して、一度にまとめて動かす機能が付いています。
　こうした描画ソフトの「グループ化機能」があれば、同じ図形を描くに

しても、ずっと効率的に作業を進めることができます。

　ニューラルネットの**2層目以降のニューロンは、正にその「グループ化」の機能を担っている**のです。

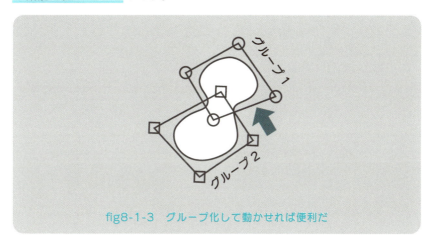

fig8-1-3　グループ化して動かせれば便利だ

　2層目のニューロンは、1層目のニューロンをまとめて束ねているのですから、2層目のニューロンの持つ重みは、1層目にある複数のニューロンに対して同時に影響を与えます。

　2層目のニューロンを動かせば、1層目のニューロンは一度にまとめて動かせます。それが「グループ化」の意味です。
　グラフの上に当てはめて考えれば、2層目のニューロンの働きは、複数の直線をまとめたグループを形づくることを意味しています。

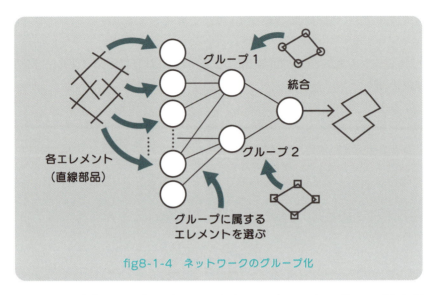

fig8-1-4　ネットワークのグループ化

　たとえ最終的に切り出すデータの形が同じであっても、グループ化を行なうか、行なわないかによって、途中の作業効率が違います。

　結論！「**たくさんのニューロンをまとめて効率良く学習すること**」――これがニューラルネットを階層化する理由です。

　もし「グループのグループ」を作成した方がもっと効率が上がるなら、ネットワークの階層をもう1つ増やすことになります。ネットワークの階層の数は、グループのグループのグループ……の数に対応します。

1層目は直線の数、2層目以降は「構造」で決まる

　以上に述べた「グループ化」という説明には、少々荒っぽいところがあります。描画ソフトのグループ化では、選択した図形だけが100％操作可能で、それ以外の図形にはまったく影響がありません。
　ニューラルネットにあてはめると、これは入力の重みが1か0の2種類

だけの場合に相当します。

　実際のニューラルネットでは、半分だけグループに属しているとか、9割方グループに属しているといった、重みの大小があります。

　これを描画ソフトには当てはめると、1つのグループを選択したとき、大きく影響を受ける図形と、ほどほどに影響を受ける図形が混在しているといった状況になります。

　もし、こうした「重み付き選択機能」を使いこなすことができれば、描画ソフトの編集効率は大きくアップすることでしょう。

　ニューラルネットの2層目以降が行なっているのは「重み付きグループ化」に他なりません。

　　　＊ただ、人間が直観的に使いこなすのは少々むずかしいかもしれません。
　　　　たとえば図形ごとに異なる透明度を割り当て、一斉に色を塗ったなら、色の濃淡が望み通りに配分される、といった状況が近いかと思います。

　以上の仕組みがわかれば、ニューラルネットを設計するときに必要となるニューロンの数と、階層の数について、おおよその当たりをつけることができます。

　1層目にはデータを切り取るために必要となる直線の数だけ（あるいは面の数だけ）のニューロンが必要です。

　2層目以降のグループの数は、「データにどれだけまとまった構造があるか」に依存します。

　未知のデータに対して、まとまった構造の数を数理的に決定することは困難ですが、少なくとも「まとまった構造のあるデータ」に対して、深い階層は意味を持ちます。

　逆に言えば、**たいして構造のないデータに対して深層ニューラルネットを用意しても、あまり意味がない**のです。

　たとえば「掛け算九九」を学習するために10階層から成る深層ニューラルネットを用いるのは無意味です。なぜなら掛け算の九九というのは、単一構造の「ノッペリとした」データ形状なので、グループ化の意味が無

いからです。

　データの「まとまった構造」は、私たち人間が行なっている抽象的な理解の仕方に相通じています。

　画像認識を例にとりましょう。
　1層目には画素の値そのもの、つまり画像の各点の情報が入ります。

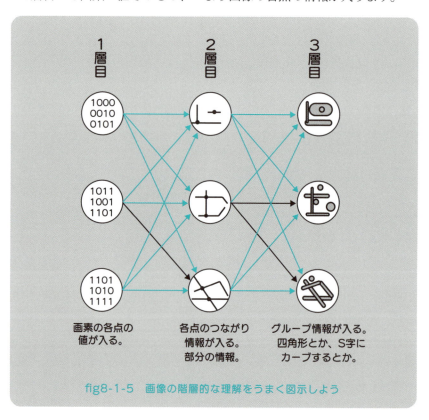

fig8-1-5　画像の階層的な理解をうまく図示しよう

　2層目には、点のグループについての情報ですから、点同士が「まっすぐ連結している」とか、「折れ曲がっている」といった部分的な特徴が入ります。
　3層目には、部分的な特徴を合わせた「グループについての情報」ですから、たとえば「4つのまっすぐと、4つの折れ曲がり＝4角形」、あるいは「2

つの反対向きの曲線＝Ｓ字カーブ」などといった、まとまりのある図形を形成します。

　このように、画像認識とは、低レベルの特徴から高レベルの特徴までが階層を成すプロセスと捉えることができます。
　画像の特徴が階層を成しているので（私たちが画像を認識する方法が階層をなしているので）、画像は深層ネットワークによってうまく認識できるのです。

- ニューロンを横に増やすのは「足し算の効果」が、縦に増やすのは「掛け算の効果」がある。
- ニューラルネットの深い階層は、「重み付きグループ化」を行なっている。
- 私たちが画像を認識する方法が階層を成しているので、画像は深層ネットワークによってうまく認識できる。

8-2 オートエンコーダーは本質的な特徴量の抽出を狙う

QUESTION

ニューラルネットワークは、どうやって「学習対象の特徴量」を抜き出すのですか?

ANSWER

データを強制的に少数の要素に絞り込めば、自ずと特徴量が浮かび上がります。それが「オートエンコーダー (Auto Encoder)」という仕組みです。オートエンコーダーの仕組みを見ていきましょう。

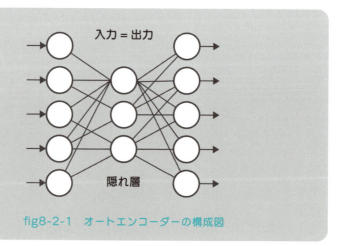

fig8-2-1　オートエンコーダーの構成図

少ない入力で学習するオートエンコーダー

　前ページの図は「オートエンコーダー」と名付けられたニューラルネットワークの構成図です。

　オートエンコーダーは、「教師データ」として、入力データそのものを用います。つまり、**オートエンコーダーは自分自身を学習し直している**のですが、そんなことをして何か意味があるのでしょうか。

　その秘密は、中間層にあるニューロンが、入力層、出力層よりも少なくなっている点にあります。

　入力よりも少ない数のニューロンで、元のデータと同じものを再現しようとすると、どうなるでしょうか。

　オートエンコーダーはできるだけ余計な情報をそぎ落とし、本質的な情報だけを保持するように振る舞います。この働きをうまく利用すれば、オートエンコーダーによる特徴量の抽出が可能となります。

　「入出力が2個、中間層が1個」だけという、極端に単純なオートエンコーダーの例で考えてみましょう。

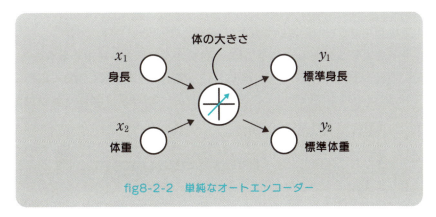

fig8-2-2　単純なオートエンコーダー

ニューロンの活性化関数は、最も単純な「線形ニューロン」とします。
誤差の測り方も、単純な「2乗誤差」としましょう。

2個の入力データとして、たくさんの人の「身長」と「体重」を入力したとしましょう。

オートエンコーダーは、これら「身長」と「体重」という2個の別々の数字を、何とかして「1個の数字にまとめよう」とします。うまくオートエンコーダーの学習が進めば、中間層のニューロンには「体の大きさ」という1個の数字が形づくられます。

「データの要約」をする主成分分析

その「体の大きさ」という1個の数字をもとに、再び身長と体重を再現できたなら、出力には各人の個性として「太り気味」「やせ気味」といった要素の入らない標準的な体型が出力されます。

太り気味、やせ気味といった要素を余計なノイズだと見なすなら、オートエンコーダーは、身長と体重データからノイズを取り除き、「体の大きさ」という特徴だけをうまく抜き出したことになります。

この様子をグラフに描いてみましょう。

たくさんの人の身長と体重には、「身長が高いほど、体重も重くなる」という傾向が見られます。この傾向に沿って、データが最も大きく広がっている方向に1本の線を引くことができます。この傾向の線が「体の大きさ」です。

データから「体の大きさ」を差し引いた残りは「太り具合」ということになります。グラフの上で「太り具合」は、体の大きさの線に直交する線の長さに相当します。

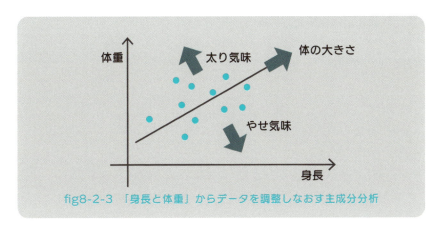

fig8-2-3 「身長と体重」からデータを調整しなおす主成分分析

　このように、身長と体重という2種類のデータを、「体の大きさ」と「太り具合」という2種類のデータに整理し直す方法が「主成分分析」です（英語では Principal Component Analysis、略して PCA と言います）。

　主成分分析は、人工知能AIが今日のように普及する以前から知られている統計解析の1手法です。最も単純な（中間層が1層だけの線形ニューロンから成る）**オートエンコーダーは、主成分分析を自動的に実行する機械なのです**。

> ＊以前、最も単純な（1層の線形ニューロンから成る）ニューラルネットワークが、回帰分析を実行していたことを思い起こしてください（「3−1」参照）。ニューラルネットワークで行なわれる計算は、回帰分析、主成分分析といった、従来からの統計解析の上に築かれているわけです。

　（身長×体重）と比べたとき、（体の大きさ×太り具合）を知ることは、どのような利点があるのでしょうか。それは「データの要約」にあります。
　もし、体格データを1個の数字だけに要約せよと言われれば、「体の大きさ」だけを挙げることになるでしょう。
　主成分分析には、元のデータを、より多くの情報を含む変数から、より少ない情報の変数へと並べ直す働きがあります。そこで、多くの情報を含む変数だけを残し、少ない情報の変数をバッサリ切り捨てることで、データの要約を行なうことができます。
　グラフの上では、もともと2次元の平面上に散らばっていたデータを、

1次元の線の上に集約しています。

それゆえ、主成分分析のデータ要約の方法を「次元圧縮」と言うことがあります。

もう1つ、主成分分析の例を挙げましょう。

とある分野の複数個の製品について、価格、性能、デザイン、3種類のデータがあったとします。

・価格が高いほど性能、デザインも高くなる傾向がある。
・同じ価格帯では、性能とデザインは反比例する傾向がある。

このデータを3次元のグラフにプロットすると、3次元中の2次元平面に沿って広がっていることがわかります。

そこで、このような入出力が3個、中間層が2個のオートエンコーダーを用いれば、3種類のデータを2種類に要約することができます。

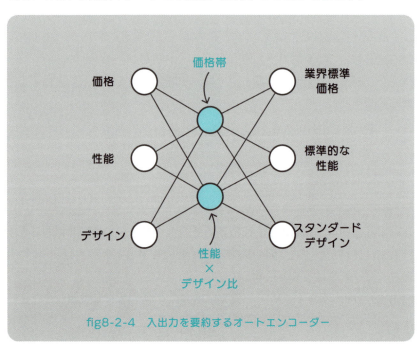

fig8-2-4　入出力を要約するオートエンコーダー

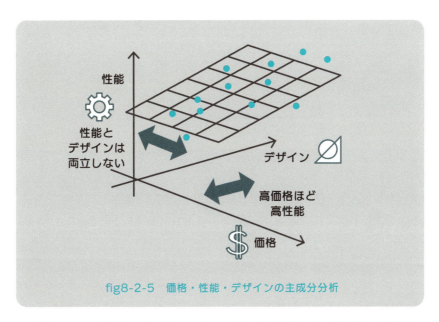

fig8-2-5　価格・性能・デザインの主成分分析

　要約された2種類のデータは、さしづめ「価格帯」と「性能・デザイン配分」といった意味になるでしょう。

　これも次元圧縮の一例です。

Summary

- 線形ニューロンから成るオートエンコーダーは、主成分分析を自動的に実行する機械である。

8-3 主成分分析と固有ベクトルの方法

QUESTION

前項で教えてもらった「主成分分析(PCA)」とは、どのような方法なのでしょうか？

ANSWER

主成分分析とは、データから特徴量を抜き出す方法の1つです。計算の上では、分散・共分散行列の固有値・固有ベクトルを求めることに相当します。ちょっと言葉が難解ですが、説明してみましょう。

　前項で説明した「主成分分析」の仕組みは、回帰分析の仕組みと似ています。

　回帰分析とは、データに最も当てはまりの良い直線（あるいは平面）を「バネで引っ張って」位置付けていました（「2－6」参照）。

　主成分分析も回帰分析と同じように「バネで引っ張って」、データに最も当てはまりのよい直線（あるいは平面）を位置付けています。主成分分析と回帰分析とは仕組みが同じなので、同じニューラルネットワークという方法によって実現できるわけです。

回帰分析と主成分分析の違いはどこに？

では、回帰分析と主成分分析はどこが違うのか。それは、「引っ張る方向の違い」にあります。

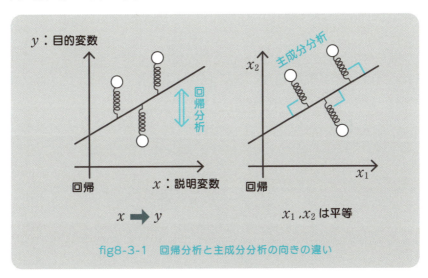

fig8-3-1　回帰分析と主成分分析の向きの違い

回帰分析では、上図の左のように、直線（あるいは平面）を出力となる1方向、いわば縦方向だけに引っ張りました。

それに対して主成分分析では、上図の右のように、特別な方向を決めず、直線（あるいは平面）と直交する方向に引っ張ります。

この違いは、分析する目的の違いから生じています。

回帰分析とは「データに関数を当てはめる」方法です。回帰分析に用いる関数は、「複数の入力と、1個の出力」を持ちます。回帰分析では、その1個の出力の誤差をできるだけ小さくするようにデータを引っ張ります。

それゆえ、回帰分析でデータを引っ張る方向は、出力の1方向に限定されるのです。

一方、**主成分分析の目的は「データの要約」**にあるので、すべての入力変数を同等に扱います。このため、特定の方向に限定せず、とにかく誤差

が最も小さくなるように引っ張るわけです。

*バネを引っ張って2乗誤差を最小にする方法全般のことを「最小2乗法」と言います。

主成分分析は、以下に述べる「分散・共分散行列の固有値・固有ベクトル」によって計算することができます。長いので、以下「固有ベクトルの方法」と呼ぶことにしましょう。

「固有ベクトルの方法」は、分散を最も大きくするというアイデアに基づいています。グラフの上で、データが最も長く散らばっている方向に線を引く、というのは自然な発想でしょう。

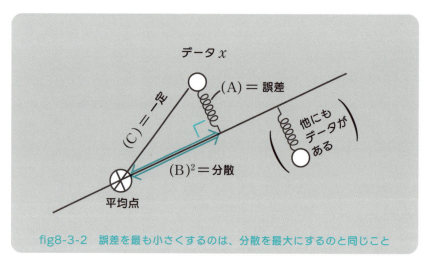

fig8-3-2　誤差を最も小さくするのは、分散を最大にするのと同じこと

上図のように、一本の直線（図の左下から右上に伸びている直線）を、1つの点（平均点）を中心に自由に回転できるように置いたとします。

この直線とデータ（データ x）までの長さを最小にすること（上図のA）と、中心からデータの垂線の足までの長さを最大にすること（上図のB）とは、同じ意味を持ちます。

なぜなら、ピタゴラスの定理により $A^2 + B^2 = C^2$ となっているからです。

*（上図C)は、中心からデータまでの長さです。

ここで（A）を最小にすることが「バネを引っ張ること」、（B）を最大にすることが「固有ベクトルの方法」に相当します。また、ここで中心となった点は、全データの平均値に相当します。
　複数のデータがあったとき、図の（B）を最大化するには、「平均値から各データの値までの長さを2乗した合計値を最大にすればよい」ということになります。
　この（各データの値 − 平均値）^{2} を各データごとに加え、それをデータの数で割った値が「分散」です。
　式の上で、分散とは標準偏差の2乗となっています（「2−2」参照）。

$$\sigma^2 = \frac{1}{n} \Sigma (x_i - \mu)^2$$

σ^2：分散
n：データの数
x_i：個々のデータ
μ：平均

＊$1/n$ とするのが標本分散、$1/(n^2-1)$ とするのが不偏分散です。

　「固有ベクトルの方法」とは、この分散が最大になる方向を探し出す方法です。
　（身長×体重）のような2変数データをグラフに描くと、身長の分散と、体重の分散、2つの数値によってデータの広がり方が把握できます。

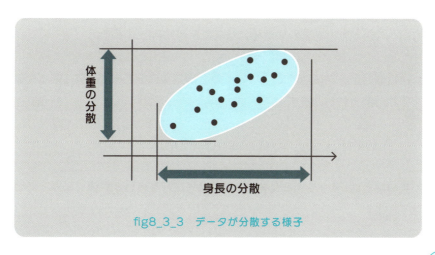

fig8_3_3　データが分散する様子

グラフの上で、2つの分散値はそれぞれ、データの横方向の広がりと、縦方向の広がりを表わしています。

データ同士の関係の強さを示す共分散

では、データの広がり方を表わすには、この2つの分散値だけで十分でしょうか。(身長×体重)のグラフからも想像が付くように、もう1つ、斜め方向への広がりを加えたいところです。

斜め方向の広がりを、どのように数値化すべきか？　分散について考えると、横方向の広がりが $x^2 = x \times x$、縦方向の広がりが $y^2 = y \times y$ だったのですから、斜め方向だったなら、$x \times y$、あるいは同じことですが $y \times x$ を基準とすればうまくいきそうです。

グラフで見ると、$y \times x$ とは、平均とデータが囲む長方形の面積を表わしています。この面積が最も大きくなるのは、データが斜め右上がり45度の線上に位置したときです(x と y の分散が等しかった場合)。

データが斜めの線上から外れ、x 軸、あるいは y 軸に近づくと、長方形の面積は小さくなります。この様子から、$y \times x$ の面積は、データの斜め方向への広がり方を表わす数値になることが期待できます。

複数個のデータについて、$y \times x$ の面積の合計をデータの数で割った値を「共分散」と言います。

$$(共分散) = \frac{1}{n} \Sigma \, (x_i - \mu_x)(y_i - \mu_y)$$

共分散とは「データの斜め方向への広がり方」を表わす数値であり、それはそのまま「データ同士の関係の強さ」という意味につながります。

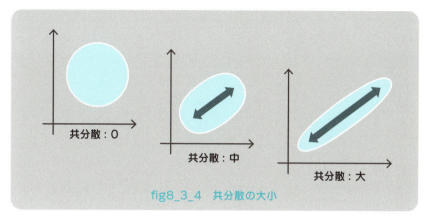

fig8_3_4　共分散の大小

＊共分散を、各変数の標準偏差で割った値が「相関」です。標準偏差とは、$\sqrt{分散}$ ということでした。

$$（相関）= \frac{1}{n} \frac{\sum(x_i - \mu_x)(y_i - \mu_y)}{\sqrt{x_i - \mu_x}\sqrt{y_i - \mu_y}}$$

なぜ、共分散を標準偏差で割るかというと、x自身の広がり方と、y自身の広がり方を打ち消して、斜め方向への広がり方の正味だけを取り出したかったからです。

たとえば、x が身長 150cm～200cm という広がりを持ち、y が体重 40kg ～ 80kg という広がりを持っていたとしたら、cm と kg を同じ土俵の上で比べることができません。そこで、身長、体重のそれぞれを標準偏差で割り、お互いを標準的なスケールに合わせることによって、比較可能な数値に持ち込んだのが「相関」だったのです。

データが最も大きく広がっている方向を見出す

さて、以上の「分散」と「共分散」によって、データの広がり方を表わす準備が整いました。これらの数値から、当初の目的であった主成分分析を実行することができます。

次に問題となるのは、どうやって「分散」と「共分散」から、データが最も大きく広がっている方向を見出すか、ということです。それにはやや技巧的ですが、うまい方法があります。

いま、x方向にもy方向にも均等に広がっていて、斜め方向への広がり（相関）が0であるようなデータの初期状態を考えます。

この初期状態は、グラフの上では円（次図）として表わすことができるでしょう。

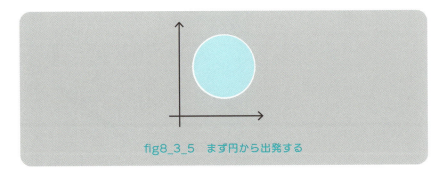

fig8_3_5　まず円から出発する

　この初期状態のデータを、分散、共分散の値に従って広げることを考えます。この楕円に広がった状態が、本来あるべきデータの姿だったわけです。

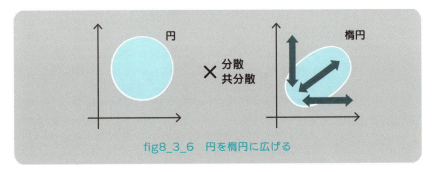

fig8_3_6　円を楕円に広げる

　ここで、「円 → 楕円」の操作を、さらにもう1回続けてみます。すると、楕円はさらに広がって、次図のように潰れた形となります。さらに、この「円 → 楕円」の操作を何度も何度も繰り返していくと、どうなるでしょうか。最後には楕円はものすごく細長く潰れてしまい、1本の直線に収束します。

　この一本の直線こそが、最もデータが広がっている方向であり、主成分

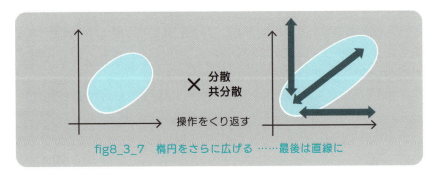

fig8_3_7　楕円をさらに広げる ……最後は直線に

分析で知りたかった答です。

「円 → 楕円」という操作を何度も繰り返した極限値 => 主成分

このように、データを、円の状態から楕円へと何度も何度も潰す操作を繰り返す方法のことを「べき乗法」（Power Method）と言います。

より具体的に、「円 → 楕円」という操作は、どのように計算するのか。それは、行列の掛け算によって実現します。

分散と共分散の値を以下のように、4つ並べて2×2の行列をつくります。

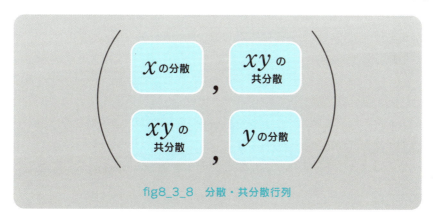

fig8_3_8　分散・共分散行列

これが「分散・共分散行列」です。

初期状態の分散・共分散行列は、xの分散＝1、yの分散＝1、xとyの共分散＝yとxの共分散＝0ですから、こうなります。

初期状態に、分散・共分散行列を掛け合わせると、「円 → 楕円」の操作を1回施した結果となります。

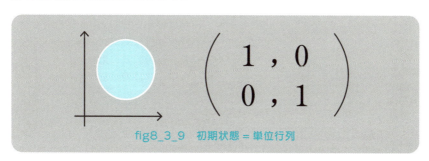

fig8_3_9　初期状態＝単位行列

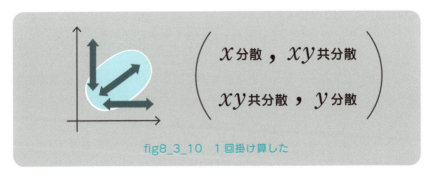

fig8_3_10　1回掛け算した

　この結果に、もう1回分散・共分散行列を掛け合わせると、「円 → 楕円」の操作を2回施したことになります。
　この行列の掛け算を何度も何度も繰り返して、最終的に行列に残った値が主成分分析の結果となるわけです。

　行列の掛け算の繰り返しを見ると、主成分とは、行列の掛け算によって向きを変えない不動のベクトルであったことがわかります。この不動のベクトルは、行列にとって特別に意味のあるベクトルです。
　そこで、この不動のベクトルのことを「固有ベクトル」と呼ぶことにしましょう。

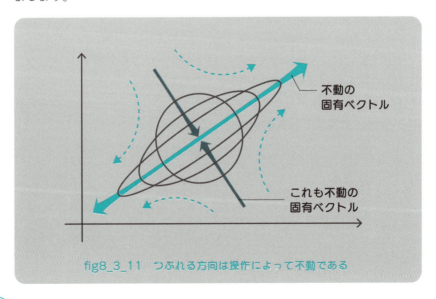

fig8_3_11　つぶれる方向は操作によって不動である

固有ベクトルは、一般的には行列のランクの数だけ存在します。たとえば、身長×体重の主成分分析では、「体の大きさ」と「太り具合」という、2つの固有ベクトルが存在します。

　固有ベクトルは向きを変えませんが、掛け算のたびに大きさを変えています。

　fig 8-3-11の図では、右上がりの固有ベクトル（体の大きさ）は掛け算ごとに伸びていますが、右下がりの固有ベクトル（太り具合）は掛け算ごとに縮んでいます。

　この伸び縮みは、固有ベクトルの特性を表わす重要な数値です。そこで、行列を1回掛けたときに「固有ベクトル」の長さが何倍に伸びるか、その倍率のことを「固有値」と呼ぶことにしましょう。

> ＊主成分分析には、繰り返し計算をせず、最初から不動の固有ベクトルを方程式で解く方法もあります。なぜ、行列の固有ベクトルを計算すると主成分が求まるのか。そのカラクリは上で見た通り、固有ベクトルの方向が分散最大となっているからです。

　以上、主成分分析をひと言にまとめると、「分散・共分散行列の固有値・固有ベクトル」となります。

　「行列の固有値・固有ベクトル」の意味は「変換操作で動かない向きと、その向きの拡縮率」ということです。そして固有値・固有ベクトルには、「データが最も大きく広がっている主成分」という応用があります。

　以上が主成分分析の全容であり、その発展形がデータを集約するオートエンコーダーだったのです。

　ここは主成分分析、共分散、固有ベクトル、固有値など、難解な概念がいくつも出てきて難しかったと思います。一度で理解しようとせず、何回か読み直してイメージをつかむようにしてください。

Summary

- 行列を掛けることによって向きを変えない（ゼロ以外の）ベクトルのことを「固有ベクトル」と言う。
- 行列を1回掛けたとき「固有ベクトル」の長さが何倍に伸びるか、その倍率のことを「固有値」と言う。
- 固有値・固有ベクトルから、データが最も大きく広がっている主成分を知ることができる。

8-4 こうしてニューラルネットワークはディープ化した

QUESTION

いよいよ最後のAIさんの講義になりました。そこで、最初に戻って「ディープラーニングの始まり」って、何だったのですか？

ANSWER

ディープラーニングの始まりですか？ それはイギリス生まれのジェフリー・ヒントン(1947～)らが提唱した「ディープ・ビリーフ・ネットワーク」(2006)、あるいは「Googleの猫」に代表されるような**特徴抽出**(2012)が、新しい時代の幕開けと言えます。

ディープラーニングの始まりが何だったかについては、意見の分かれるところですが、2006年、ジェフリー・ヒントンらが提唱した「ディープ・ビリーフ・ネットワーク」(Deep Berief Network, DBNと略す)が1つのきっかけとなったことだけは間違いないでしょう。

DBNはやや複雑な仕組みなので、ここでは同時期にヨシュア・ベンジオらの提唱した「スタックド・オートエンコーダー」(Stacked autoencoder, SAと略す)を取り上げます。

ニューラルネットの抱えていた1つの問題は、ランダムに与えられた初期値から、望みの最適解になかなかたどり着けない点にありました(「6

−2」参照)。

　何とかして、学習がスムーズに進むような、うまい初期値を設定できないだろうか……。そこで編み出されたのが、あらかじめ何らかの方法で初期値を整えておく、という方法です。

事前学習でニューラルネットの深層化を図る

　初期値を整える方法の1つとして、着目されたのが**オートエンコーダー**でした。オートエンコーダーには、与えられたデータを要約する働き、ノイズを除く働きがありました（「8−2」参照）。

　まず、1層目の入力データをそのまま学習に回すのではなく、1度オートエンコーダーで整形することを考えてみましょう。データのノイズを一度オートエンコーダーで除去し、きれいにしたデータで本番学習を開始するといった手順です。

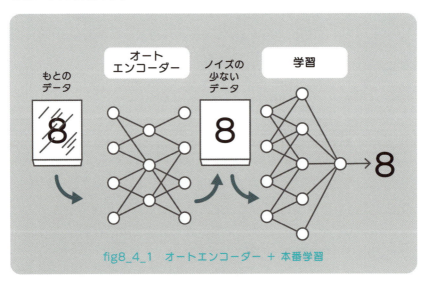

fig8_4_1　オートエンコーダー ＋ 本番学習

　この手順をよく見ると、わざわざ1度データをもとに戻してから、次の本番の学習を進めるのがムダであるように見えます。

オートエンコーダーの隠れ層にはデータが要約された状態で入っているのですから、その要約された状態をそのまま次の学習につなげれば、一手間省けるはずです。

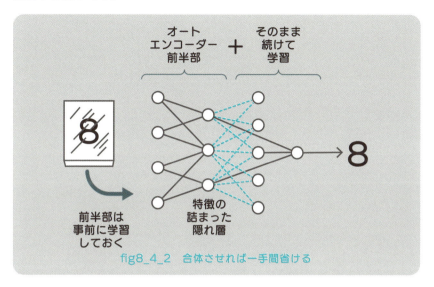

fig8_4_2　合体させれば一手間省ける

　こうして、まず1層目をオートエンコーダーで要約し、次の学習につなげる、という手順が確立します。

　ところが、この手順は1層目だけでなく、次の2層目にも同じことができるわけです。

　まず、1層目の結果を入出力データとして、2層目をオートエンコーダーで要約します。2層目の要約が完了したなら、今度は2層目の結果をもとに、3層目を学習します。

　以下、層の数だけオートエンコーダーの要約を繰り返します。

　こうして積み上げたネットワークは、データの特徴を階層化した状態で記憶しているものと期待できます。

　この状態に仕上げた後に、教師データをセットして本番の学習を行なえば、ランダムに初期化した場合よりもずっとスムーズに学習が進行することでしょう。

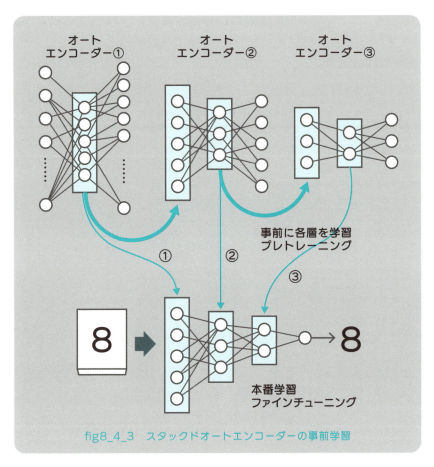

fig8_4_3　スタックドオートエンコーダーの事前学習

　このように、本番の学習の前にネットワークの状態を整えておく方法のことを「**事前学習**」（pre-traininig）といいます。
　また、事前学習に対して本番の学習のことを「**ファインチューニング**」（fine-tuning）と呼んでいます。
　事前学習という方法によって、ニューラルネットはそれまでの限界を突破し、深層化の道を拓いたのです。

極めて低い誤り率を達成

　後から言われてみれば、事前学習はちょっとした工夫だったように見えるかもしれません（すでにオートエンコーダーは知られていたわけですし）。

　しかしそこはコロンブスの卵、最初に限界を突破するには並々ならぬ努力が必要だったに違いありません。最初に「ディープ」への突破口を拓いたDBNは、もっと複雑なつくりをしていました。

　そこで用いられた多層オートエンコーダーは、こんな構造をしていたのです。

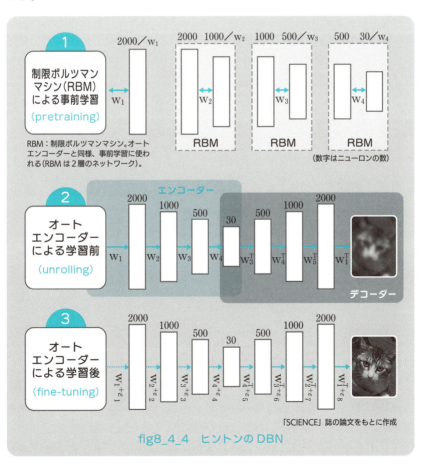

fig8_4_4　ヒントンのDBN

この多層オートエンコーダーは、4層でエンコードし、さらに3層で再び元のデータに戻すという、合計7層から成り立っています。

すでに7層のニューラルネットなのですから、このオートエンコーダー自体、簡単に学習を行なうことができません。

そこでヒントンらは、まずこのオートエンコーダーについて特別な方法で事前学習を行ないました。「制限ボルツマンマシン」(Restricted Boltzmann machine) という方法です。

「制限ボルツマンマシン」の説明については割愛しますが、これまで説明してきたような、「微分して教師データに近づく」のとは異なる発想に基づいた学習方法です。

事前学習を済ませたオートエンコーダーを、今度は通常の方法（バックプロパゲーション）で学習し直し、7つの層を完成させます。

その最終的なニューラルネットワークを教師データにつなげ、通常のバックプロパゲーションで学習することによって、当初の目的であった画像認識を行ないます。

まとめると、

という3段構えの学習を行なったことになります。

こうして事前学習を駆使したDBNは画像認識において、従来の方法では届かなかった低い誤り率を達成したのです。

改めてDBNの手の込んだ方法を見直すと、そこに「冬の時代」を乗り越えた執念が感じられないでしょうか。

はじめて筆者がこの話を聞いたときの素直な感想は、「そこまでするか！」

でした（実は、今でもそう思っています）。

データだけから「特徴量」を出す！

2012年、事前学習の方法は「Googleの猫」として知られる驚くべき成果をもたらします。これまでの狭い意味でのAIとは「教師あり学習」、お手本となる教師データがあって、手持ちのデータをどれだけ教師データに近付けるかということを問題としてきました。

しかし、事前学習に用いたスタックド・オートエンコーダーは、特に何の教師データも無く、正確にいえば「データそのものを教師データとして、特徴量を抽出する仕組み」でした。

ならば、特に教師データを用意せず、ひたすら大量のデータをスタックド・オートエンコーダーに学習させたら、どうなるのか？　それを実際にやってみたのがGoogleです。

Googleは、1000万本のYouTube動画から1000万枚の動画を切り出し、ひたすらオートエンコーダーに学習させました。

＊用いられたネットワークは、単純なスタックド・オートエンコーダーではなく、「畳み込み層」と呼ばれる仕組みを含んだ3層のブロックを3段に積み重ねた、合計9層のネットワークです。

その結果、猫の顔の特徴に強く反応するニューロン、あるいは人の顔に強く反応するニューロンなどが得られたのです！

（出所）http://arxiv.org/pdf/1112.6209.pdf

「Googleの猫」は、そうした新しいAI時代の象徴です。

今日、AIは日々新しい概念を生み出し続けています。ここで紹介した、オートエンコーダー、ディープビリーフネットワークでさえ、すでにディープラーニング初期の方法であり、現在はさらに改善された方法に移行しつつあります。

特に、本書では触れなかった「**畳み込みニューラルネットワーク（CNN）**」は、その後から現在に至るまで、大きな役割を果たしています。

それでも、AIの基礎となる概念が変わることはありません。

- 誤差を2乗で測る
- 情報量を対数で数えて隔たりを測る
- 微分して教師データに近づく

こうした基礎をしっかり身につけておけば、AIがもたらす未来に自信を持って漕ぎ出すことができるでしょう。

さくいん

数値、英字

1ビット	234
2乗誤差	75
AdaDelta	202
AdaGrad	202
Adam	203
AND	19
CNN → 畳み込みニューラルネットワーク	
D_{KL}	241
e	108
exp(x)	108,226
H(u)	28
Heの初期化	193
i	27
keras	14
log	224
MAE → 平均絶対誤差	
MNIST	14,213
Momentum法 → モメンタム法	
MSE → 平均2乗誤差	
NAND	45
NOT	20
One-Hot表現	209
OR	19
ReLU	180
RMSprop	202
scikit-learn	104
softmax	15
T → 転置	
Well-defined	49
Widrow-Hoffの学習規則	91
W^T	151
Xavierの初期化	193
XOR	40
η（イータ）→ 学習係数 η	
Σ（シグマ）	25,27

あ行

アンサンブル学習	205
鞍点	188
インテグラル	61
エントロピー	235
オートエンコーダー	253,270
重み	21

か行

回帰	208
回帰分析	258
階乗	107
外積	175
学習曲線	187
学習係数 η	33, 201
確率的勾配降下法	193
重ね合わせ	102
傾き	88
活性化関数	91
カルバック・ライブラー情報量	241
関数	28
逆方向伝播	131
共分散	262
行列	153
局所最適解	190
グループ化	247
クロスエントロピー → 交差エントロピー	
降下法	199
交差エントロピー	225, 239
交差エントロピー誤差	221
恒等関数	90
誤差	132
誤差関数	76
固有値	267
固有ベクトル	266

さ行

最急降下法	200
最小2乗法	260
最適化アルゴリズム	199
閾値	21
シグマ	25, 27
シグモイド	115
次元圧縮	256
自己情報量	237
指数関数	106
指数関数exp	224
事前学習	272
自然対数 $\log_e x$	230
質的データ	209
シャノンエントロピー	237, 238
重回帰分析	95, 96

277

主成分分析	255	排他的論理和	40
順方向伝播	131	パーセプトロンの学習則	34
情報量	235	バックプロパゲーション	131
常用対数$\log_{10}x$	230	バッチ正規化	192
スカラー積	176	ハードシグモイド関数	183
正規化	192	ビット	235
正規分布	54, 56	微分	65
積分	61	微分方程式	109
積分定数	62	標準化	192
絶対誤差	75	標準シグモイド	115
線形	102	標準偏差	53
線形回帰モデル	122	ファインチューニング	272
線形代数	158	不定積分	62
線形ニューロンモデル	89	プライム	68
線形分離可能	41,102	プラトー	188
全体最適解	190	分散・共分散行列	265
双対性	160	分類	208
添え字	26	平均2乗誤差	73
速度	67	平均情報量 → シャノンエントロピー	
ソフトマックス関数	208, 212	平均絶対誤差	74
損失関数	76	ヘヴィサイドの階段関数	26,29

た　行

大域最適解	190	べき乗法	265
対数関数log	224	ベクトル	49, 149
畳み込みニューラルネットワーク	276	ベクトル積	176

ま・ら　行

単回帰分析	96	マカロック・ピッツモデル	23,30
中央値	84	ミニバッチ	194
底	110	モデル	89
定積分	62	モメンタム法	194, 202
データの要約	255	ユークリッド距離	52
デルタルール	91	ライブラリー	12
転置	150	ランク	165
特徴量	253	量的データ	209
ドロップアウト	204	ロジスティック回帰	118
		ロジスティック曲線	112,180

な　行

内積	150,168
ニューラルネット	45
ニューラルネットワークの	
普遍性定理	124
ニューロン	21
ネイピア数	108

は　行

バイアスB	32

● 著者プロフィール

中西 達夫 (なかにし・たつお)

1966年、東京生まれ。㈱モーション専務取締役。大妻女子大学非常勤講師。データサイエンティスト。

筑波大学大学院理工学研究科中退。その後、半導体、ゲームソフトウェア、オープン系システムの開発に携わる。amazonよりも先に、日本初のレコメンデーションシステムを導入したことをきっかけに、統計解析の世界に入る。現在は、統計手法を応用したシステム開発、あるいは「データをどう活用したらよいのか」という企業へのコンサルティング活動を手がけている。

主な著書に『マンガでわかる超カンタン統計学』(小学館)、『武器としてのデータ分析力』(日本実業出版社)、『悩めるみんなの統計学入門』(技術評論社)、『実用のための微積とラグランジアン』(工学社)などがある。

カバー・本文デザイン・DTP：三枝未央

文系プログラマーだからこそ身につけたい
ディープラーニングの動きを理解するための数式入門

2020年 9月 4日　初版第1刷発行

著者　　中西 達夫
発行人　片柳 秀夫
編集人　三浦 聡
発行　　ソシム株式会社
　　　　https://www.socym.co.jp/
　　　　〒101-0064　東京都千代田区神田猿楽町 1-5-15 猿楽町 SS ビル 3F
　　　　TEL：(03)5217-2400（代表）
　　　　FAX：(03)5217-2420

印刷・製本　音羽印刷株式会社

定価はカバーに表示してあります。
落丁・乱丁本は弊社編集部までお送りください。送料弊社負担にてお取替えいたします。
ISBN 978-4-8026-1266-1 ©2020 Tatsuo Nakanishi Printed in Japan